Sanaa MAJID

Sensores electroquímicos ultra-sensíveis

Sanaa MAJID

Sensores electroquímicos ultra-sensíveis

Deteção e análise de vestígios de metais pesados

Imprint
Any brand names and product names mentioned in this book are subject to trademark, brand or patent protection and are trademarks or registered trademarks of their respective holders. The use of brand names, product names, common names, trade names, product descriptions etc. even without a particular marking in this work is in no way to be construed to mean that such names may be regarded as unrestricted in respect of trademark and brand protection legislation and could thus be used by anyone.

Cover image: www.ingimage.com

This book is a translation from the original published under ISBN 978-620-6-70419-5.

Publisher:
Sciencia Scripts
is a trademark of
Dodo Books Indian Ocean Ltd. and OmniScriptum S.R.L publishing group

120 High Road, East Finchley, London, N2 9ED, United Kingdom
Str. Armeneasca 28/1, office 1, Chisinau MD-2012, Republic of Moldova, Europe
Printed at: see last page
ISBN: 978-620-8-30327-3

Conteúdo

INTRODUÇÃO GERAL

Nos últimos anos, a legislação relativa à análise da água e dos alimentos tem-se tornado cada vez mais rigorosa. Este facto deve-se não só à preocupação constante de proteger a saúde humana, mas também ao rápido aumento do número de fontes de contaminação que ameaçam o ambiente. O efeito cumulativo destes compostos deve também ser tido em conta e os seus efeitos a longo prazo devem ser monitorizados.

À medida que a consciência ambiental aumenta, aumenta também a necessidade de medições precisas e fiáveis. Uma vez que são impostos limites mais rigorosos para proteger as pessoas, devem ser efectuados controlos regulares para garantir a segurança.

Para responder a estas exigências legítimas, é efectuada uma investigação científica complexa, cuja eficácia está intimamente ligada à qualidade dos instrumentos de análise disponibilizados.

Face a estes desafios, os laboratórios devem conceber e desenvolver métodos cada vez mais eficazes para a análise de substâncias vestigiais. Estas técnicas de análise devem combinar especificidade e sensibilidade elevada. A abordagem eletroquímica, durante muito tempo negligenciada, conheceu um interesse renovado nos últimos quinze anos com o aparecimento dos sensores electroquímicos.

A eletroquímica oferece perspectivas interessantes para a miniaturização e a industrialização a baixo custo de sensores simples, precisos e robustos. No entanto, para atingir níveis de sensibilidade comparáveis aos alcançados pelas técnicas espectroscópicas, está atualmente a ser desenvolvida uma grande quantidade de investigação.

Os ëlectrodos convencionais (Hg, Pt, Au, C) estão sujeitos a certos phënomënes parasitas que limitam o seu campo de aplicação tanto em análise como em svntliese. As mais importantes são, por um lado, a dëgradação da superfície do elétrodo consëcutiva a processos de precipitação ou adsorção que não são dësirës e, por outro lado, a extrema lentidão de certas transformações ëlectroquímicas para as quais é necessário aplicar uma sobretensão elevada. Além disso, embora seja provável que um grande número de moléculas ëlectroactivas seja detectado, o facto é que muitas substâncias analiticamente interessantes são geralmente pouco ou nada reactivas ao nível dos eléctrodos convencionais.

Consequentemente, o conceito e a aplicação prática de eléctrodos quimicamente modificados surgiram recentemente para ultrapassar estes inconvenientes. Os estudos sobre estes eléctrodos quimicamente modificados multiplicaram-se e diversificaram-se, estando ainda hoje em plena atividade, como o atestam várias centenas de estudos.

O nosso laboratório está particularmente interessado no desenvolvimento de novos métodos electroquímicos, baseados em eléctrodos modificados de baixo custo e concebidos para detetar baixos níveis de metais pesados. Para o efeito, estudámos três abordagens diferentes para a análise de metais pesados. A primeira abordagem consiste em modificar a superfície de um elétrodo de platina com um aminoácido, a L-tirosina, e estudar a resposta do elétrodo ao mercúrio. A segunda abordagem consiste em modificar o elétrodo de pasta de carbono com um monómero contendo aminas. Por último, a terceira abordagem consiste em utilizar eléctrodos de carbono impressos no ecrã para a determinação do chumbo e do cádmio.

Após uma revisão da literatura, no primeiro capítulo, sobre as caraterísticas dos metais pesados e os vários métodos analíticos e electroquímicos para a sua deteção, apresentaremos uma panorâmica dos vários métodos de modificação dos eléctrodos sólidos e dos eléctrodos de pasta de carbono existentes na literatura.

No Capítulo 2, faremos uma revisão dos fundamentos teóricos e práticos em que se baseiam as técnicas electroquímicas utilizadas ao longo deste trabalho.

No capítulo 3, descreveremos um método amperométrico para a determinação de vestígios de mercúrio. Esta determinação baseia-se na influência da presença de iões de mercúrio (II) na corrente de oxidação do aminoácido L-tirosina na superfície de um elétrodo de platina.

No capítulo 4, introduziremos o monómero 1,8-DAN na pasta de carbono e estudaremos a sua polimerização em diferentes meios ácidos. Em seguida, testaremos a aplicação deste elétrodo modificado como sensor químico capaz de pré-concentrar iões Pb(II) em circuito aberto.

Por fim, no capítulo 5, será descrito o desenvolvimento de um elétrodo impresso em ecrã modificado com um sal de acetato de mercúrio. A aplicação deste elétrodo à deteção simultânea de chumbo e cádmio será efectuada em amostras farmacêuticas.

PARTE I

PARTE TEÓRICA

Capítulo I: Metais pesados e como são detectados

1- CARACTERÍSTICAS DOS METAIS PESADOS

I-1 Introdução

[3]Em дёпёга1 mëtaux lourds os ёlёments mëtaШques naturais, mëtaux ou em alguns casos mëtalloides caractërisёs por uma densidade ёlevёe, supёёrieur a 5 gramas por cm [1]. O termo "metal pesado" é utilizado em algumas publicações mais antigas. Os metais pesados estão presentes em todos os compartimentos ambientais, mas geralmente em quantidades muito pequenas. Diz-se que os metais pesados estão presentes "em quantidades vestigiais". São também "vestígios" do passado geológico e da atividade humana.

No entanto, o termo "metais pesados" é uma designação comum que não tem qualquer base científica ou aplicação jurídica. A maior parte destes metais são tóxicos quando presentes em concentrações ou quantidades superiores ao limiar admissível.

A classificação como metais pesados é frequentemente contestada porque alguns metais tóxicos não são particularmente "pesados" (zinco), enquanto alguns elementos tóxicos não são todos metais (arsénio, por exemplo) [2]. Por estas várias razões, a maioria dos cientistas prefere referir-se aos metais pesados como "oligoelementos metálicos" ou, por extensão, "oligoelementos".

Existem três metais pesados principais: o mercúrio, o chumbo e o cádmio. Os primeiros bioquímicos distinguiram estes três metais com base na sua afinidade com o enxofre, o que permite identificar as proteínas que precipitam facilmente ou dão origem a sais (sais de mercúrio, sais de chumbo, etc.).

Os três metais partilham igualmente um certo número de caraterísticas físico-químicas:

■ Não são destruídos. São transportados e mudam de forma química.

■ Têm uma elevada condutividade eléctrica, o que explica a sua utilização em muitas indústrias.

■ São, em certa medida, tóxicos para o ser humano, causando lesões neurológicas de gravidade variável [3]. Todos os outros são úteis nos processos biológicos - alguns metais (oligoelementos) são mesmo essenciais à vida (ferro, cobre, níquel, crómio, etc.).

Os três metais mencionados são elementos tóxicos e as suas caraterísticas químicas são as seguintes

	Chumbo	Cádmio	Mercure
Massa atómica	270	112	200
Densidade	11,35 g/cm^3	8,6 g/cm^3	13,6 g/cm^3
Temperatura de fusão	327°	320.9°	-38°
Temperatura de ebulição	1740°	765°	357°
Símbolo químico	Pb	Cd	Hg
Minério original	Galena	Escória de zinco	Cinábrio

I-2 Mercúrio

É raro no meio natural. No entanto, podem ser encontrados vestígios nas rochas, por vezes em concentrações que justificam a extração mineira. O mercúrio é nomeadamente extraído do cinábrio (sulfato de mercúrio). Tal como o chumbo, o mercúrio é utilizado desde a Antiguidade. A sua capacidade de se combinar com outros metais foi utilizada para extrair ouro. O mercúrio também tem sido utilizado pelas suas propriedades biológicas, incluindo as suas propriedades tóxicas (como biocidas). Tem ёle ийНзё em curtumes, agricultura, medicina para tratar a sífilis, por exemplo. Atualmente, o mercúrio é ийНзё pelas suas propriedades físico-químicas. O mercúrio é extremamente volátil, reage com o calor e é também um excelente condutor de energia eléctrica. É utilizado na produção de cloro e em alguns produtos de consumo ou de medição (pilhas, termómetros, etc.). Estas utilizações estão a diminuir devido aos problemas de poluição causados por este tipo de indústria. O mundo produz cerca de 3.000 toneladas de mercúrio por ano.

I-2-1 Caraterísticas do mercúrio

O mercúrio é um metal com caraterísticas raras; é o único metal que é líquido à temperatura ambiente (entre -10° e 40°C). Uma caraterística do ou é 11rë seu símbolo químico Hg, da palavra grega Latinisë hydragyrm, prata líquida. Quando agitado, divide-se em gotículas finas. É também o único metal com um ponto de ebulição inferior a 655°C. Este metal é extremamente volátil. Combina-se facilmente com outros módulos, quer sejam metais (jogos de amálgama), módulos inorgânicos (enxofre) ou módulos orgânicos (carbono). É também um metal tóxico, o seu Ю\юlё provém da sua extrema volatilidade (pode ser facilmente respirado), da sua relativa solubilidade em água e gorduras (pode ser facilmente transportado no corpo) e da sua capacidade de se ligar a outros módulos que irá modificar ou cujas funções irá transformar.

I-2-2 Formas de mercúrio

Do ponto de vista físico-químico, o mercúrio é um metal que muda facilmente de forma e de propriedades. Altamente volátil, muda facilmente do estado líquido para o estado gasoso à temperatura ambiente. Tem também uma elevada capacidade de expansão, daí a sua utilização em termómetros pesados e líquidos ou como material de referência para medir a pressão (barómetros, tensiómetros). Na presença de oxigénio, o mercúrio oxida-se muito rapidamente. $^{2+}$É facilmente convertido do estado mëtaШcico (Hg°), líquido ou gasoso, para o estado ionizado (Hg). É também um metal que se associa facilmente a moléculas orgânicas, formando numerosos dërivës mercuriais. O mercúrio apresenta-se em duas famílias distintas:

J Mercúrio metálico ou inorgânico, que se apresenta sob três formas diferentes:

• O mercúrio metálico elementar, na forma líquida (nota Hg°) é o mercúrio clássico, na sua forma mais conhecida, utilizado nos termómetros ou em trabalhos práticos de química (Polarografia).

• Mercúrio gasoso (Hg°)

   • $^{2+}$Mercúrio inorgânico, na forma iónica (nota: Hg).

J A outra grande família é a do mercúrio orgânico, quando se combina com uma molécula que contém carbono, base de todos os elementos vivos (ou outrora vivos). Existem trocas constantes entre estas diferentes formas, porque o mercúrio tem uma grande capacidade de se transformar, nomeadamente sob o efeito da acidez do ambiente e da presença de moléculas ou ligandos que asseguram estas combinações (cloro, enxofre).

I-2-3 Toxicidade do mercúrio

A toxicidade do mercúrio varia consoante a sua forma química: - O mercúrio na forma líquida (Hg°) não é muito tóxico porque é muito pouco absorvido por via oral. A quase totalidade (mais de 99%) do mercúrio ingerido sai do organismo pela via natural (fezes, urina). Um diretor de um centro de controlo de venenos em Viena submeteu-se pessoalmente à experiência de engolir 100 gramas de mercúrio metálico: o mercúrio foi para o estômago e depois para o apêndice. O nível de mercúrio na urina subiu para 80 mg/litro ao fim de dois meses, tendo depois baixado novamente até ser completamente absorvido.

- O mëtaШque de mercúrio em forma de vapor (Hg°) deixa de ser тдёгё (no estômago) e passa a ser inalado, entrando assim nos pulmões e na corrente sanguínea [4]. O mercúrio é então transportado para várias partes do corpo, incluindo o cérebro, o órgão alvo do envenenamento por vapores de mercúrio. Quando os vapores provêm da amálgama dentária, alguns são engolidos, solubilizados na saliva e absorvidos pelo estômago.

- O mercúrio ionizado pode entrar no corpo por via oral (por inalação) ou através da pele [5]. Isto explica porque é que as raízes dos dentes podem ficar carregadas de mercúrio após uma obturação com amálgama [6]. Estas vias estão concentradas no fígado e nos rins.

- O mercúrio orgânico que já foi absorvido e assimilado por um organismo vivo encontra-se nos seus tecidos de carbono. Pode ser novamente ingerido por outro organismo (por exemplo, o mercúrio absorvido pelo peixe e marisco, concentrado no trato digestivo, que é depois consumido pelos seres humanos). Esta forma é altamente tóxica [7,8]. Um exemplo típico é a Baía de Minamata no Japão [9]. As libertações de metil-mercúrio foram acumuladas pelos peixes consumidos pelos habitantes da baía (em 1956: 549 vítimas, em 1965: 119 vítimas e um total de 1 200 mortes). Os compostos de metilmercúrio são solúveis em gordura e podem, por conseguinte, atravessar as membranas celulares. O mercúrio foi utilizado pela fábrica de Chisso como catalisador na produção de acetaldeído. No total, entre 1932 e 1968, foram descarregadas na baía 81 toneladas de Hg.

Para além das descargas diretas de metil-mercúrio (como no caso de Minamata), as descargas de mercúrio na forma metálica oxidam e, em seguida, no ambiente aquático, sob a ação de bactérias, são transformadas em metil-mercúrio, que é absorvido pelo plâncton e se concentra nos peixes. Estima-se que 5% do mercúrio trazido para o Mediterrâneo todos os anos se encontra nos peixes. Uma phënomëne de biomagnificação (concentrações sucessivas) amplificou o risco, uma vez que as concentrações nos peixes eram 100 000 vezes superiores à concentração na água do mar. As concentrações máximas de mercúrio no marisco e no peixe atingiram 179 mg/kg de peso seco (norma da OMS 2,5 mg/kg de peso seco) e 23 mg/kg de peso fresco (norma da OMS 0,5 mg/kg de peso fresco), respetivamente. As concentrações de mercúrio no cabelo dos doentes podem atingir 705^g/kg (norma da OMS 10^g/kg).

É importante notar que o mercúrio pode passar do sangue da mãe para o sangue do bebé durante a gravidez ou a amamentação [10]. Efeitos frequentemente irreversíveis podem afetar o sistema nervoso da criança [11]. Entre outras coisas, a criança pode sofrer de paralisia, movimentos involuntários e deficiências visuais e auditivas.

A phënomëne de biomagnificação representa o principal perigo do mëthyl mercury, porque a partir de um meio aparentemente não polido, a concentração sucessiva pode levar a concentrações um milhão de vezes superiores à inicial, tornando-se assim muito tóxica.

I-3 Chumbo

I-3-1 Utilizações

Produzido a partir de um mineral chamado gakne, a utilização do chumbo está diretamente relacionada com a metalurgia. O chumbo foi muito utilizado na produção de moedas, tubos e loiça. ᵉᵐᵉDurante a primeira metade do século XX, o chumbo foi utilizado na indústria, na impressão e nas tintas. ᵉᵐᵉNa segunda metade do século XX, a utilização dominante foi nos combustíveis para automóveis, sendo o chumbo adicionado à gasolina como antidetonante. Esta utilização é agora prolífica.

I-3-2 Principais efeitos tóxicos do chumbo

O envenenamento por chumbo refere-se a todos os sintomas de intoxicação por chumbo. A cólica de chumbo é o efeito tóxico mais conhecido do chumbo, mas os seus principais órgãos-alvo são o sistema nervoso, os rins e o sangue. No sistema nervoso, o chumbo é responsável por danos neurológicos. Em caso de intoxicação maciça, o efeito neurotóxico do chumbo pode conduzir a uma encefalopatia convulsiva e mesmo à morte. No caso de intoxicação menos grave, foram observados distúrbios neurocomportamentais e deterioração intelectual.

Na medula óssea e no sangue, bloqueia várias enzimas necessárias à síntese da hemoglobina. Estes efeitos no sangue conduzem a uma redução do número de glóbulos vermelhos e a uma anemia.

A administração de doses elevadas de chumbo induziu cancro do rim em pequenos roedores. No entanto, não há provas de excesso de mortalidade por cancro em populações expostas ao chumbo. A intoxicação aguda^ é rara. O envenenamento por chumbo deve-se geralmente a uma exposição crónica.

Nas crianças, o risco de envenenamento por chumbo é mais elevado, sobretudo entre os 1 e os 3 anos de idade:

-    A absorção digestiva dos derivados de chumbo é maior do que nos adultos. Com a mesma exposição, o organismo de uma criança absorve 50% do chumbo ingerido, enquanto a proporção nos adultos é de apenas 5 a 7%;

-    os efeitos tóxicos, com igual impregnação, particularmente no sistema nervoso central em desenvolvimento, são maiores e mais graves.

O sistema nervoso central das crianças é particularmente sensível à ação tóxica do chumbo. A encefalopatia convulsiva aguda ocorre geralmente quando os níveis de chumbo no sangue são da ordem dos 1000 gg/l. Nunca foi observada quando os níveis de chumbo no sangue são inferiores a 700 gg/l. Nas crianças cujos níveis de chumbo no sangue se situam entre 500 e 700 gg/l, são frequentemente observadas perturbações neurológicas menos graves: diminuição da atividade motora, irritabilidade, perturbações do sono, alterações comportamentais e estagnação do desenvolvimento intelectual. Uma diminuição do QI de 4 a 15 pontos!

I-4 Cádmio

Usos I-4-1

É um elemento natural, presente em certos minérios (nomeadamente o zinco) sob a forma de impurezas. Este metal era desconhecido até ao século X, altura em que as suas propriedades físico-químicas foram postas em evidência e utilizado, nomeadamente, nas pilhas. O cádmio tem sido muito utilizado para proteger o aço contra a corrosão (revestimento de cádmio) e como estabilizador de plásticos e pigmentos.

O cádmio é utilizado em muitas ligas metálicas, bem como no fabrico de baterias, cabos, rolamentos de esferas, varas de soldadura, lâmpadas fluorescentes, corantes, medicamentos e pesticidas. O cádmio está também presente em certos adubos e encontra-se em quantidades significativas nas folhas de tabaco.

A queima de carvão e petróleo contribui para a acumulação de cádmio no ambiente. Uma vez dëposë, o cádmio é absorvido pelas plantas, algumas das quais se destinam ao consumo humano, como o ЬIё ou os tegumes. Outras plantas contaminadas servem de alimento a animais, que depois concentram o cádmio nos seus órgãos. As miudezas (fígado, rins) são a parte comestível do animal que representa o maior risco para os seres humanos.

I-4-2 Consequências para a saúde

Os diferentes compostos de cádmio têm efeitos tóxicos variáveis [12] em função da sua solubilidade e da facilidade com que são absorvidos pelo organismo. Assim, o cloreto de cádmio, que é solúvel, parece ser mais tóxico do que o sulfureto de cádmio, que é muito insolúvel.

A exposição de curta duração a concentrações elevadas de compostos de cádmio em poeiras ou fumos é irritante para as células dos sistemas respiratório e gastrointestinal [13].

As principais causas de exposição ao cádmio são a dieta e o tabagismo. A maior parte do cádmio тдёгё vem de vëgëtaux com folhagem verde, alface, repolho, ëpinach e, em menor grau, de cërëales. Como o cádmio se acumula principalmente nos rins, este órgão é considerado um órgão "alvo".

As pessoas que têm uma dieta rica em miudezas (em particular certos tipos de caça) e que também fumam, são susceptíveis de serem afectadas por este metal.

Os sais de cádmio, que não são muito voláteis, estão presentes no ar sob a forma de partículas sólidas muito finas (fumo ou poeira). Durante a exposição profissional, estas partículas podem ser inaladas e depositam-se principalmente nos alvéolos pulmonares. O tamanho destas partículas é, por conseguinte, de grande importância para determinar a sua capacidade de absorção.

I-5 Descargas de metais pesados na água

A indústria privilegiou frequentemente os locais próximos dos rios por três razões: para o transporte das matérias-primas, para o abastecimento de água às instalações de refrigeração e para as possibilidades de descarga dos efluentes industriais. Durante décadas, os rios herdaram as descargas industriais e as águas residuais industriais, resíduos líquidos resultantes da extração ou da transformação de matérias-primas e de todas as formas de atividade produtiva. Embora alguns estabelecimentos industriais disponham de estações de tratamento de águas residuais próprias, a maior parte das águas residuais é descarregada diretamente, sendo por vezes designadas por "resíduos naturais". Durante muito tempo, a água - dos rios, dos canais e do mar - foi o "escoadouro" destes resíduos.

Os oligoelementos, presentes em forma de partículas nos solos, surgem como resultado da erosão. O escoamento de superfícies impermëables (solos e pavimentos), bem como de fontes antropogénicas, junta-se a estas fontes naturais ligadas à erosão.

Esta toxicidade é reforçada por um fenómeno de concentração conhecido como bioacumulação ou biomagnificação. A bioacumulação é o processo pelo qual os metais pesados são assimilados e concentrados no organismo. O processo ocorre em duas fases: a bioacumulação começa no indivíduo (o mercúrio solúvel é pouco eliminado e é assimilado pelo indivíduo, animal, peixe, etc.) e continua através da transmissão entre indivíduos, por "pilhas" sucessivas (herbívoro, piscívoro, etc.). As concentrações aumentam à medida que se sobe na cadeia trófica. Este fenómeno é designado por biomagnificação.

A água é, evidentemente, um elemento particularmente importante para os poluentes em geral, e para os metais pesados em particular, porque a água provoca reacções químicas ligadas à acidez, alcalinidade, temperatura, oxigenação, etc. Os meios aquáticos são muito sensíveis aos oligoelementos devido à coexistência de dois fenómenos, a bioacumulação e a biomagnificação: os oligoelementos concentram-se à medida que são absorvidos pela cadeia alimentar (plâncton aquático, peixes herbívoros, peixes carnívoros, homem).

A indústria é responsável por quase todas as descargas de metais pesados na água. A necessidade de reduzir estas descargas já não é objeto de debate.

A análise das descargas de metais pesados na água continua a ser pouco estudada e é muito menos monitorizada do que o azoto e o fósforo, por exemplo.

Nos últimos anos, a legislação tem-se tornado cada vez mais rigorosa. Este facto deve-se não só à preocupação constante de proteger a saúde humana, mas também ao rápido aumento do número de fontes de contaminação que ameaçam o ambiente. É igualmente necessário controlar o seu efeito a longo prazo e ter em conta o seu efeito cumulativo, dado que os metais pesados são micropoluentes de natureza a causar incómodos mesmo quando são descarregados em quantidades muito pequenas, desenvolvendo-se a sua toxicidade por bioacumulação.

As normas francesas **NF** e as exigências da Organização Mundial de Saúde **OMS** relativas às caraterísticas da água potável estão agrupadas no quadro abaixo:

Metal	NF	OMS
Hg	1PPb	1PPb
Pb	10ppb	10ppb
Cd	5ppb	3ppb

II- DETECÇÃO DE METAIS PESADOS

II-1 Introdução

Os progressos constantes da tecnologia dos materiais e da microeletrónica contribuem de forma significativa para o desenvolvimento de instrumentos cada vez mais sofisticados. O equipamento analítico moderno está integrado num sistema automatizado e controlado por computador que permite um tratamento exaustivo dos dados experimentais. Face aos consideráveis progressos tecnológicos observados nos últimos dez anos nos métodos de análise espectrais, como a espetroscopia de absorção atómica e a AAS, e nas técnicas de deteção acopladas a sistemas de separação, como a cromatografia líquida de alta resolução (HPLC), a cromatografia gasosa e a eletroforese capilar (CE) [14,17], é interessante considerar o lugar ocupado pelas técnicas electroquímicas.

II-2 Métodos analíticos para a análise de metais pesados

Muitas técnicas analíticas são utilizadas para analisar metais pesados. As técnicas espectrofotométricas ocupam um lugar de destaque. A técnica que tornou possível alcançar limiares de deteção muito baixos é a espetrometria de absorção atómica (AAS) [18-19].

Vários estudos de spëciação ou dëterminação de metais pesados têm ël.ë rëalisëes, utilizando a espectromëtrie de absorção atómica em fase de vapor frio (CVAAS) [20-21].

A espetrometria de emissão de plasma (ICP-AES) é um método analítico que compete com a espetrometria de absorção atómica, uma vez que os seus limites de deteção são inferiores aos da SAA. Este método de análise espetral baseia-se no princípio da emissão: quando os átomos são submetidos a condições energéticas que lhes permitem ser excitados, as transições espontâneas de um nível ënergético excitado para um nível ënergético menos excitado são acompanhadas pela emissão de fotões de frequência v e energia qk. A fonte de ionização é um plasma de árgon com corrente induzida (T > 8000°C) mantida por energia fornecida sob a forma de um campo de ë^ŭ^^ por um gënërateur de radiofrequência. fkkment exc^ produz um espetro de comprimentos de onda caraterísticos cuja intensidade luminosa é proporcional à sua concentração.

No entanto, são também aplicáveis outros métodos, como a espetrometria de emissão de chama, a espetrofotometria de absorção molecular e a espetrografia de emissão. Estas técnicas nem sempre satisfazem determinadas condições, como a multiplicação de ensaios, a simplicidade do modo de operação, a precisão, a sensibilidade e a rapidez de execução.

Foram também utilizadas técnicas cromatográficas para a análise de metais pesados. Cappon et al utilizaram a cromatografia gasosa para a determinação do mercúrio inorgânico e orgânico em vários meios biológicos [22].

Várias equipas de investigação têm utilizado a cromatografia gasosa com um detetor de captura de electrões (GC/ECD) para a análise do metilmercúrio [23,24]. A cromatografia líquida de alta eficiência (HPLC) também tem sido utilizada com sucesso para a determinação de metais pesados [25,26].

Face aos progressos no domínio analítico, os métodos espectrais foram associados a técnicas cromatográficas, o que permitiu aumentar a sensibilidade. Por exemplo, a equipa de Ritsema [27] combinou a cromatografia gasosa com a espetrometria de fluorescência atómica por geração de hidretos para a determinação do mercúrio na água do mar. A cromatografia líquida de alta eficiência associada à espetrometria de absorção atómica de vapor frio foi utilizada por Munaf para a especiação de mercúrio em águas residuais [28].

No entanto, estas técnicas têm a desvantagem de serem técnicas muito dispendiosas, pouco flexíveis e não permitirem a análise simultânea dos compostos. Daí a importância da utilização de técnicas electroquímicas.

II-3 Métodos de análise eletroquímica

II-3-1 Introdução

A diversidade^ e a sensibilidade^ das análises atualmente requeridas têm obrigado o expërimentalista a utilizar técnicas mais precisas e mais eficientes, capazes de fornecer resultados qualitativos e quantitativos em meios complexos, permitindo também a investigação de vários composës durante uma única opëração. Os mëtodos electroquímicos respondem gënëralmente a estas criëas, oferecendo, entre outras vantagens, uma excelente precisão e um manuseamento fácil e rápido.

Para competir com os métodos analíticos mais sensíveis, as técnicas electroquímicas revelaram-se muito sensíveis e eficazes, nomeadamente graças ao desenvolvimento de sensores electroquímicos, microelectrodos e eléctrodos modificados... *II-3-2 Sensores electroquímicos para a deteção de metais pesados*

Os sensores electroquímicos são normalmente preparados sobre uma base metálica ou de carbono. Regra geral, o elétrodo de trabalho utilizado deve ser estável durante um período muito longo, ter uma boa relação sinal/ruído e ser fácil de manusear e condicionar. Além disso, os solutos a analisar devem desenvolver uma cinética de reação eletroquímica rápida numa vasta gama de potencial acessível [29,30].

Os metais como a platina, o ouro, a prata e o aço são utilizados há muito tempo devido às suas excelentes propriedades eléctricas e mecânicas. Estes eléctrodos são muito sensíveis aos fenómenos de adsorção; no entanto, aplicando uma limpeza eletroquímica da superfície do elétrodo, os eléctrodos de platina e de ouro têm sido utilizados com êxito para a análise de metais pesados [31-34].

Ao mesmo tempo, o carbono é um material cada vez mais popular, devido ao seu baixo custo, à variedade de formas comerciais disponíveis (grafite, negro de fumo, fibra de carbono, etc.) e à sua flexibilidade de processamento. Os materiais à base de carbono são cada vez mais inertes do ponto de vista químico e podem ser utilizados numa vasta gama de potenciais. Os eléctrodos à base de carbono habitualmente utilizados nos laboratórios de eletroquímica são os eléctrodos de carbono vítreo e os eléctrodos de pasta de carbono.

Os eléctrodos de pasta de carbono são relativamente fáceis de produzir, uma vez que envolvem a mistura de pó de carbono e um aglutinante (óleo de parafina, por exemplo). Estes eléctrodos foram introduzidos por R.N.Adams em 1958 [35]. As propriedades deste tipo de elétrodo dependem da pureza dos composës ийН3ёз para preparar a pasta, da relação carbono/ligante [36,37], do tamanho das partículas de grafite [38], e do tratamento e método de renovação da superfície do elétrodo [39,40].

A produção em grande escala de sensores electroquímicos de baixo custo à base de carbono tem sido, portanto, uma prioridade nos últimos anos. A maior parte destes eléctrodos são de utilização única e são atualmente produzidos utilizando a técnica de serigrafia. Derivada da microeletrónica, a impressão serigráfica de sensores electroquímicos desenvolveu-se rapidamente desde o início dos anos noventa [41]. A sua simplicidade, a elevada capacidade de produção e a possibilidade de produzir sensores de qualquer dimensão ou forma fazem da técnica de impressão serigráfica uma das tecnologias mais promissoras [42]. Estes eléctrodos são obtidos através da deposição de várias camadas alternadas de carbono, prata e tintas isolantes num substrato isolante de poliéster.

A utilização destes eléctrodos serigrafados apresenta inúmeras vantagens, nomeadamente a facilidade de utilização, o custo relativamente baixo e a possibilidade de efetuar medições em volumes muito reduzidos. De facto, respondem a todas as exigências de simplicidade e rapidez dos sectores médico, ambiental e de controlo de qualidade. Estas qualidades permitem prever sistemas portáteis, oferecendo a possibilidade de efetuar medições no terreno [43].

A utilização crescente de eléctrodos impressos em serigrafia à base de carbono deve-se também ao facto de terem permitido o desenvolvimento de muitos eléctrodos modificados.

II-3-3 Eléctrodos modificados

Uma das principais linhas de força dos novos métodos electroanalíticos é o desenvolvimento de eléctrodos modificados [44-51]. Embora possam ser previstas muitas aplicações utilizando eléctrodos convencionais, a sua utilização direta em meios complexos é dificultada por problemas de superfície (incrustação por moléculas grandes, surfactantes, gorduras, etc.) e por uma falta de seletividade [52]. Para resolver estes problemas, foram previstas, desde o início dos anos 80, novas estratégias destinadas a modificar a superfície do elétrodo [53,54]. O principal objetivo destas estratégias é alargar o seu campo de aplicação ao estudo de moléculas pouco ou nada reactivas e aumentar tanto a seletividade como a sensibilidade das medições [55-58], conferindo-lhes novas caraterísticas através da adição de espécies químicas ou biológicas à sua superfície (compostos electroactivos, polímeros, biomoléculas, etc.). Existe uma grande quantidade de investigação neste domínio, uma vez que as possibilidades de modificação da superfície são tão variadas.

Existem duas estratégias principais para modificar os eléctrodos:

a. Modificação da superfície de eléctrodos sólidos por via química ou eletroquímica (Tableaul)

Esta estratégia foi adoptada por vários autores para a determinação de metais pesados.

- *Filme de ouro*

Viltchinskaia e colaboradores foram os primeiros a modificar o elétrodo de grafite com uma película de ouro para determinar mercúrio utilizando a técnica LSASV [59]. Posteriormente, foram realizados vários outros trabalhos sobre a determinação do mesmo metal, modificando o elétrodo de pasta de carbono e a grafite, que permitiram atingir limites de deteção muito baixos utilizando a ASV [60-61].

A película de ouro também foi utilizada por alguns autores para a determinação de arsénio através da modificação de diferentes eléctrodos, tais como eléctrodos de carbono vítreo e de platina, utilizando LSASV [62,63]. O método mais sensível (LD= 0,02^g/l) foi desenvolvido por Zakharova e colaboradores que utilizaram o elétrodo de grafite modificado com uma película de ouro para a determinação de As(III) em água potável e água mineral [64].

- *Filme Mercury*

A película de mercúrio tem sido amplamente utilizada para a determinação de vários metais pesados. Os eléctrodos sólidos, como a prata e a platina, têm sido utilizados como substratos para a película de mercúrio. No entanto, o elétrodo de carbono vítreo continua a ser o mais adequado para esta modificação, devido à sua superfície não porosa e à facilidade de limpeza. Estudos demonstraram que estes eléctrodos podem ser utilizados numa grande variedade de meios e permitem a determinação simultânea de vários metais vestigiais. Um estudo realizado por Petrov e colegas permitiu a deteção simultânea de Pb, Cd, Cu e Zn utilizando SWASV em águas subterrâneas, com limites de deteção de 0,2, 0,01, 0,7 e 2,1 g/l, respetivamente [65]. O elétrodo de pasta de carbono foi também utilizado por Svancara e colaboradores como substrato para a película de mercúrio para a determinação de Zn(II) em água potável, água desionizada e outras amostras utilizando a técnica DPASV [66]. $^{2+2+2+}$Hart e colaboradores modificaram mesmo o elétrodo de tela de carbono com uma película de mercúrio para a análise de Cu, Cd e Pb na urina utilizando a DPASV [67].

- ***Polímero***

Um dos grandes avanços do nosso tempo, no domínio da química, reside na capacidade de sintetizar novas moléculas para uma função específica. Este domínio das moléculas permitiu o desenvolvimento de um domínio científico de interesse fundamental: "A modificação das propriedades da superfície dos eléctrodos".

A investigação no domínio dos eléctrodos modificados tem sido realizada segundo três linhas principais de abordagem:

A modificação mais simples baseia-se na exclusão dos diferentes compostos analisados em função do seu tamanho e da porosidade dos polímeros [68-70]. Foram realizados vários estudos sobre o polímero de acetato de celulose para modificar eléctrodos destinados à análise de vestígios de metais pesados [71,72].

Outro método de modificação baseia-se no princípio da troca iónica e envolve a natureza catiónica ou aniónica do polímero. Os polímeros mais utilizados são os ionómeros de perfluorosulfonato, como o Eastman-Kodak e o Nafion. Este último polímero tem sido amplamente utilizado com sucesso. Graças à sua capacidade de troca de catiões, foram doseados vários metais [73-77]. Os polímeros de permuta aniónica foram também utilizados como modificadores de eléctrodos para analisar metais pesados. Por exemplo, o Tosflex foi utilizado para a análise de mercúrio e cobre [78,79] e o poli (4- vinilpiridina) [80-82].

A terceira abordagem consiste em formar uma película de polímero na qual é enxertado um ligando capaz de formar um complexo com o metal a analisar. A estrutura da película tem assim um efeito considerável na sensibilidade e na seletividade do sensor. Foram publicados vários estudos utilizando diferentes polímeros. O polipirrol foi utilizado para a modificação de eléctrodos [83]. Song et al sintetizaram uma película de polipirrol em carbono vítreo por electropolimerização e utilizaram-na para a análise da prata; o limite de deteção foi estimado em cerca de 0,2 ppm. O cobre e o mercúrio foram os principais interferentes durante a análise [84]. Foram também utilizados outros polímeros, aos quais foram enxertadas moléculas específicas para obter grupos activos quimicamente fixados e assegurar a complexação. Zen et al. modificaram o elétrodo de carbono vítreo com Nafion, um agente quelante (dimetilglioxima, 2,2-bipiridilo) e uma película de mercúrio; para a análise de Cd, Pb e Cu em águas residuais, água potável, água do mar e urina [85] . A polianilina foi também utilizada para modificar o eiectrodo de carbono vítreo, tendo o polímero sido utilizado como matriz na qual foi incorporado 2,2'-bipiridilo para análise do chumbo [86].

Foram também utilizados polímeros que já contêm grupos funcionais que permitem a formação de complexos [87-89]. $^{2+2+}$Palys et al estudaram a sensibilidade do 1,8 diaminonaftaleno aos metais pesados, mostrando que os iões Cu e Hg podem ser complexados pelos grupos amina do polímero [90]. Num outro estudo utilizando DPV, foram determinadas quantidades vestigiais de Se(IV) após modificação do elétrodo de ouro com uma película de poli (3,3'-diaminobenzidina) [91].

Tableaul: Eléctrodos sólidos modificados para análise de metais pesados.

Extraído de: **Kh. Z. Brainina et al " Stripping voltammetry in environmental and food analysis "** [92]

Elétrodo	Procedimento de alteração	Analista	Limite de deteção/ concentração determinada (ug'L	Método utilizado	ref
CV	Filme de ouro	As(III)	0.5	LS ASV	[62]
Grafite	Filme de ouro	As(III)	0.02	LS ASV	[64]
Grafite	Filme de ouro	Hg(II)	0.1	LS ASV	[61]
Pt	Filme de ouro	As(III), As(III+V)	0.5	LS ASV	[63]
CV	Filme Mercury	Pb(II) Cd(II)	0.2 0.0005	SQW ASV	[68]
CV	Filme Mercury	Pb(II) Cd(II) Cu(II) Zn(II)	0.2 0.01 0.7 2.1	SQW ASV	[65]
Ag	Filme Mercury	Pb(II) Cu(II) Cd(II)	10	LS ASV	[93]
Ag	Filme Mercury	Sn(IV) Pb(II)	0.5 0.1	LS ASV	[94]
Pt	Filme Mercury	Cu(II) Pb(II) Cd(II)	49.2 21.8 6.2	DP ASV	[95]
CV	Tosflex	Hg(II)	0.004	DP ASV	[80]
CV	Tosflex	Cu(II)	600	LS ASV	[81]
CV	Derivado catiónico de polipirrol	Hg(II)	0.02	DP ASV	[87]
CV	8,9,17,18-dibenzo-1,7-dioxa-10,13,16-triazaciclooctadecano	Au(III)	16.4	SQW ASV	[88]
CV	Kryptofix-222	Hg(II)	<0.2	SQW ASV	[89]
CV	Nafion e ácido dimetil-ditiocarbâmico(I) ou 18-coroa-6(II)	Pb(II) Cu(II) Hg(II)	$^{-7--6-5}$5,10 -5,10 5mol/l (I) 2,10 - 4,10 mol/l (II)	DP ASV	[78]
Grafite	Nafion + agente quelante (1-(2-piridilazo)-2-naftol)	Pb(II) Cu(II)	1-2	SQW ASV	[79]
CV	Poli(4-vinilpiridina) + película de mercúrio	Pb(II)	0.3	SQW ASV	[82]
CV	Nafion + agente quelante (dimetilglioxima, 2,2-bipiridilo) + película de mercúrio	Cu(II) Pb(II) Cd(II)	4 2	SQW ASV	[85]
CV	Película de ouro/	Hg(II)	0.1	SQW ASV	[83]

	Poli(4-vinil-piridina)				
Ouro	Poli(3,3'-diaminobenzidina)	Se(IV)	0.78	DP ASV	[91]
CV	Polipirrol	Ag(I)	2µM	CV	[74]
CV	Polianilina +2 ,2-bipiridilo	Pb(II)		ASV	[86]
Ouro	1,8-diaininonaftaleno	Ag(I) Cu(II) Hg(II)		CV	[87]

b. Inserção direta do agente modificador

Esta é a estratégia mais utilizada para modificar os eléctrodos de pasta de carbono e os eléctrodos serigrafados. Consiste em adicionar o modificador à massa de pasta de carbono, no caso dos eléctrodos de pasta de carbono, ou à massa de tinta de carbono antes da serigrafia, no caso dos eléctrodos serigrafados.

Em geral, a principal razão para modificar um elétrodo é obter qualitativamente um novo sensor com propriedades desejadas e muitas vezes predefinidas. Para este efeito, a pasta de carbono representa um dos materiais mais convenientes para a preparação de eléctrodos modificados [96,97]. Em contraste com os eléctrodos sólidos, a preparação de pasta de carbono quimicamente modificada é muito simples e é conseguida através de vários procëdures alternativos. O modificador pode ser dissolvido diretamente a partir de um fagon mecânico com o pó de carbono [98-100] ou ser mëlangë com a pasta durante a sua homogënëização [100102]. Como também é possível mergulhar as partículas de grafite numa solução modificadora, e utilizar a pasta modificada após a ëvaporação do solvente [103,104]. [2+]Em 1984, Wang et al ëlë foram os primeiros a modificar o CPE com uma resina permutadora de catiões e a estudar o desempenho analítico deste ëlectrodo para análise de iões Cu [105]. Posteriormente vários ëtudes, utilizando o mesmo mëtodo foram ëlë publicados.

Klacher classificou quatro funções possíveis dos modificadores utilizados na massa: [96]

- Uma acumulação prëfërencial de espécies dësirëe através do agente modificador (por exemplo, pré-concentração na análise de redissolução)
- Reacções de modulação na superfície do letróide utilizando moléculas imobilizadas ou os seus fragmentos.
- Catálise de reacções impossíveis no elétrodo nu e tornadas possíveis pelo agente modificador (respostas electroquímicas catalíticas)
- Modificação das caraterísticas da superfície do elétrodo de pasta de carbono.

Quando se combinam as funções do agente modificador com a já referida flexibilidade e facilidade de processamento da pasta de carbono, não é de surpreender que, na última década, tenha sido utilizado um número crescente de substâncias diferentes para modificar os eléctrodos de pasta de carbono.

A modificação em massa dos eléctrodos serigrafados implica a adição do agente modificador diretamente à tinta antes da serigrafia e baseia-se nos mesmos princípios que a modificação dos eléctrodos de pasta de carbono.

Os agentes modificadores recentemente ий^ёз podem ser agentes químicos simples [106-110], permutadores de iões ë [111-113], zëolites [114], substâncias húmicas [115-117], sílicas [118] e até organismos vivos [119,120].

Os quadros 2 e 3 resumem as várias modificações e as suas aplicações na análise de metais pesados.

Quadro 2: Modificações do elétrodo de pasta de carbono para análise de metais pesado

Procedimento de alteração	Analista	Limite de deteção / concentração dëterminëe (pg/l)	Método utilizado	Rëf
Permutador de iões (HYPHAN)	Cu(II) Pb(II) Hg(II)	15 23 10	DP ASV	[111]
Prata (I) Hexacianoferrato (III)	Fe (III)	120	DP ASV	[106]
Ácido húmico йхë por l^thylenediamine	Para (III)	10	DP ASV	[115]
Fenilfluorona	Sb (III)	1	DP ASV	[107]
Amidas de ácido húmico	Hg (I, II)	10	LS ASV	[116]
Zn-DDC	Hg (II)	0.16	DP ASV	[121]
Argila	Hg (II)	10	DP ASV	[114]
Bis glioxal (2-hidroxianil)	Hg(II) Ag (I)	0.2 0.01	DP ASV	[122]
8-hidroxiquinolina	Ti(I)	1	DP ASV	[108]
Ditizona	Pb(II)	16.7	DP ASV	[123]
N-benzol-N',N' -di-i-butil-tioureia	Ag (I)	10	LS ASV	[109]
Ácido húmico	Pb(II) Cu(II) Hg(II)	1 0.5 1.6	DP ASV	[117]
Dowex 50W-8X rësina de permuta catiónica	Cu (II)	6.4	LS ASV	[112]
Quelite P	Cu (II)	1.9	DP ASV	[124]
Filme Mercury	Zn (II)	8.5	DP ASV	[66]

Tabela 3: Modificações de sërigraphiëes de carbono ëlectrodes para a análise de mëtaux lourds

Procedimento de alteração	Analista	Limite de deteção / Concentração mínima (LI g/L)	Método utilizado	ref
Filme Mercury	Cu(II),Pb(II), Cd(II)	0,05(Cd) 0,03(Pb)	DP ASV	[67]
Alizarina em pó (5%) / Tinta de grafite (95%)	Al(III)	19-486	DP ASV	[125]
Dimenthylglyoxime (5%) / Tinta de grafite (95%)	Ni (II)	5	DP CSV	[110]
Sumichelate Q10R (8%) / Tinta de grafite (92%)	Hg(II)	0.0024	DP ASV	[113]

REFERÊNCIAS

[1] C. Baird, Environmental Chemistry, W.H. Freeman and company, NewYork (1995).

[2] S. E.Manahan, Environmental chemistry, 6th ëdition, Lewis Publishers, (1994).

[3] L. Barregard, C. Svalander, A. Schutz, G. Westberg, G. Sallsten, Blohm, Molne J, Attman PO, Haglind P, Environ Health Perspect 107(11), Nov 1999, 867.

[4] S. C. Foo, Environmental Research, 60(2) (1993) 267.

[5] O. Lamm, Eur Neurol, 24 (1998) 237.

[6] M. J. Vimy, F. L. Lorscheider, J. Dent Res. 64(8) (1985) 1069.

[7] J. Kawada, J Pharmacobiodyn, 3(3) (1980) 149.

[8] D. L. Smith, South Med J 71 (1978) 904.

[9] T. Tsubaki e K. Irukayama, Minamata Disease: Methylmercury Poisoning, Kodensha, Tóquio, 1977.

[10]P. Kuhnert, Am. J. Obstet and Gynecol,139(1981) 209.

[11]W. D. Kuntz, Am J Obstet and Gynecol. 143(4) (1982) 440.

[12]N. Ghosh, Biomed Environ Sci, 5(3) (1992) 236.

[13]D. Purves, Fundamental Aspects of pollution Control and Environmental Science, 1, ed. Wakeman, Elsevier.

[14]G. A. Drasch, Handbook on Metals in Clinical and Analytical Chemistry (H.G.Seiler, A.Sigel, H.Sigel, eds.), Dekker, Nova Iorque, 1994, p. 479.

[15]S. Brown, J. Savory, M. R. Wills, Methods in Clinical Chemistry (A.J.Pesce, L.A.Kaplan, eds.), Mosby, St. Louis, 1987, p.405.

[16]S. Chiavarini, C. Cremisini, G. Ingro, R. Morabito, Appl.Organomet.Chem, 8 (1994) 563.

[17]J. C. Gayet, A. Haouz, A. Geloso-Meyer, C. Burstein, Biosens.Bioelectron, 8 (1993) 177.

[18]Norma francesa NF T 90-131 de setembro de 1986.

[19]J. Issaq. Hallem e W. L. Zielinski, Jr. Analytical Chemistry.vol.46, N°11 (1974) 1436.

[20]Y. Madrid, C. Cabrera, T. Perez-Corona, e C. Camara, Anal.Chem. 67 (1995) 750.

[21]L. R. Bravo-Sanchez, B. San Vicente de la Riva, J. M. Costa-Fernandez, R. Pereiro, A. Sanz-Medel, Talanta 55(2001) 1071.

[22]C. J. Cappon e J. C. Smith, Ana. Chem, vol. 49, N°3 (1977) 365.

[23]M. J. Vazquez, A. M. Carro, R. A. Lorenzo e R. Cela, Anal. Chem. 69 (1997) 221.

[24]S. Chiavarini, C. Cremisini, G. Ingro e R. Morabito, Applied organometallic chemistry, 8 (1994) 563.

[25]C. F. Harrington, trends in analytical chemistry, 19 (2000) 167.

[26]M. Hempel, H. Hintelman e Rolf-Dieter Wilken, Analyst, 117 (1992) 669.

[27]E. Munaf, H. Haraguchi, D. Ishii, T. Takeuchi, M. Goto, Analytica.Chimica. Ata, 235 (1990) 399.

[28]R. Ritsema e O.F.X.Donard, Applied Organometallic Chemistry, 8 (1994) 571.

[29]P. T. Kissinger e W. R. Heineman, "Laboratory Techniques in Electroanalytical Chemistry" M.Dekker, Nova Iorque, (1984).

[30]Manual de instruções, Dionex Corp, Sunnyvale, EUA, (1983).

[31]J. M. Pinilla, L. Hernandes, A. J. Conesa, Anal Chim Ata, 319 (1996) 25.

[32]Yull.D'yachenko, V.V.Kondrat'ev, Zh.Anal.Khim,53 (1998) 401.

[33]Y. Bonfil, M. Brand, E. Kirowa-Eisner, Anal. Chim.Ata, 387 (1999) 85.

[34]M. Kopanica, L. Novotny, Anal. Chim. Ata, 368 (1998) 211.

[35]R. N. Adams, Anal.Chem, 30 (1958)1576.

[36] C. Urbaniczky, K. Lundstrom, J.Electroanal.Chem, 176 (1984) 169.

[37] K. Kalcher, Electroanalysis, 2 (1990) 419.

[38] M. E. Rice, Z. Galus e R. N. Adams, J.Electroanal.Chem, 143 (1983) 89.

[39] N. Motta e A. R. Guadalupe, Anal.Chem,66 (1994) 566.

[40] K. Stulik e V. Pacakova, "Electranalytical measurement in flowing liquids", Ellis Horwood, Chichester, UK, (1987).

[41] J. P. HART, S. A. WRING, Trends Anal Chem; 16 (2) (1997) 89.

[42] M. ALBAREDA-SIRVENT, A. MERKO'I, S. ALEGRET, Uma revisão. Sens Actuators B ; 69 (1-2) (2000) 153.

[43] J. Wang, Analyst, 119 (1994) 763.

[44] J-M. Kauffman e J-C. Vire, Anal Chem, 53 (1981) 329.

[45] M. K. Halbert e R. P. Baldwin, Anal. Chem. 57 (1985) 591.

[46] R. P. Baldwin e K. N. Thomsen, Talanta, 38 (1991) 1.

[47] K. Stulik, Pure Appl Chem, 59 (1987) 521.

[48] J. Wang, Anal Chem, 65 (1993) 450R.

[49] E. Wang, H. Ji e W. Hou, Electroanal, 3 (1991) 1.

[50] M. D. Ryan e J. Q. Chambers, Anal. Chem. 64 (1992) 79R.

[51] K. Stulik, Anal.Chim.Ata, 273 (1993) 435.

[52] J-M. Kauffmann, Chim.Nouv, 12, (1994), 1333.

[53] R. W. Murray, "Chemically modified Electrodes" in Electroanalytical Chemistry, A.J.Bard, ed.13, M.Dekker, New York, (1984), 191.

[54] K. Kalcher, J-M. Kauffman, J. Wang, I. Scara, K. Vytras, C. Neuhold e Z. Yang, Electroanalysis, 1(1995) 7.

[55] I. Isildak e A. K. Covington, Electroanal, 5 (1993) 815.

[56] L. D. Whiteley e C. R. Martin, Anal Chem, 59 (1987) 1746.

[57] M. W. Espenscheid, A. R. Ghatak-Roy, R. B. Moore, R. M. Penner, M. N. Szentirmay e C. R. Martin, J.Chem.Soc, Faraday Trans.I., 82 (1986) 1051.

[58] J. Wang e Z. Lu. Anal.Chem. 62 (1990) 826.

[59] E. A. Viltchinskaia, L. L. Zeigman, S. G. Morton, Electroanalysis, 7 (1995) 264.

[60] I. Svancara, M. Matousek, E. Sikora, K. Schachl, K. Kalcher, K. Vytras, Electroanalysis, 9,N°11 (1997) 827.

[61] E. A. Zakharova, V. M. Pichugina, T. P. Tolmacheva, Zh. Anal. Khim, 51 (1996) 1000.

[62] A. M. Vasil'ev, Z. A. Temerdashev, T. G. Tsyupko, Zh Anal.Khim, 54 (1999) 728.

[63] H. Huang, P. K. Dasgupta, Anal.Chim Ata, 380 (1999) 27.

[64] E. A. Zakharova, V. M. Pichugina, N. P. Pikula, Zav Lab, 64 (1998) 9.

[65] S. I. Petrov, L.V. Kukhnikova, Zh. V. Ivanova, Zav Lab, 64 (1998) 13.

[66] I. Svancara, M. Pravda, M. Hvizdalova, K. Vytras, K. Kalcher e Electroanalysis, 6 (1994) 663.

[67] J. P. Hart, S. A. Wring, Electroanalysis, 8 (1996) 617.

[68] G. Sittampalam, G. S. Wilson, Anal. Chem. 55 (1983) 1608.

[69] J. Wang, L. D. Hutchins. Anal. Chem. 57 (1985) 1536.

[70] L. S. Kuhn, S. G. Weber, K. Z. Ismail, Anal. Chem. 61 (1989) 303.

[71] J. Wang, L. D. Hutchins-Kumar, Anal. Chem. 58 (1986) 402.

[72] B. Hoyer, N. Jensen, Talanta 42 (1995) 767.

[73] C. M. A. Brett, D. A. Fungaro, J. M. Morgado, M. H. Gil, J. Electroanal. Chem. 468 (1999) 26.

[74]C. M. A. Brett, D. A. Fungaro, J. Braz. Chem. Soc, Vol. 11 (2000) 3.

[75]C. M. A. Brett, V. A. Alves, D. A. Fungaro, Electroanalysis 13 (2001)212.

[76]Z. Chen, Z. Pourabedi, D. B. Hibbert, Electroanalysis, 11 (1999) 964.

[77]Zh. Hu, C. J. Seliskar, W. R. Heineman, Anal.Chim.Ata, 369 (1998) 93.

[78]F-M. Matysik, P. Glaser, G. Werner, Fresenius J.Anal.Chem. 349 (1994) 646.

[79]P. Ugo, L. M. moretto, P. Bertoncello, J. Wang, Electroanalysis, 10 (1998) 1017.

[80]J-M. Zen, J-W. Wu, Anal. Chem. 68 (1996) 3966.

[81]J-M. Zen, M-J. Chung, Anal Chem, 67 (1995) 3571.

[82]J-M. Zen, J-W. Wu, Electroanalysis, 9 (1997) 302.

[83]A. Witkowski e A. Brajter-Toth, Anal.Chem, 64 (1992)635.

[84]F-Y. Song, K-K.Shiu, Journal of electroanalytical Chemistry 498 (2001) 161.

[85]J-M. Zen, F. S. Hsu, N. Y. Chi, S. Y. Huang, M. J. Chung, Anal. Chim.Ata, 310 (1995) 407.

[86]K.Wagner, J.W.Strojek, K.Koziel, Analytica Chimica Ata 447 (2001) 11.

[87]P. Ugo, L.M. Moretto, G.A. Mozzocchin, Anal.Chim.Ata, 273 (1993) 229.

[88]P. Ugo, L. Sperni, L. M. Moretto, Electroanalysis, 9 (1997) 1153.

[89]I. Turyan, D. Mandler, Fresenius J.Anal.Chem.,349 (1994) 491.

[90]B.J. Palys, M. Skompska, K. Jackowska, J. Electroanal. Chem. 433 (1997) 41.

[91]Q. Cai, S. B. Khoo, Anal.Chem, 66 (1994) 4543.

[92]Kh. Z. Brainina, N. A. Malakhova, N. Yu. Stojko, Fresenius J. Anal. Chem. 368 (2000) 307.

[93]S. I. Petrov, L.V.Kukhnikova, Zh.V. Ivanova, ZavLab, 64 (1998) 6.

[94]L. D. Svintsova, N. N. Chernyshova, ZH. Anal.Khim. 52 (1997) 917.

[95]E. E. Fomintseva, E. A. Zakharova, N. P. Pikula, Zh. Anal. Khim, 52 (1997) 657.

[96]K. Kalcher, Electroanalysis, 2 (1990) 419.

[97]I. Svancara, K.Vytras, J. Barek, J. Zima, Critical reviews in Analytical Chemistry, 31(4) (2001) 311.

[98]Z-Q. Zhang, H. Liu, H. Zhang , Y-F. Li, Anal.Chim.Ata. 333 (1996) 119.

[99]S-S. Huang, Y-D. Cheng, B-F. Li, G-D. Liu, Mikrochi. Ata. 130 (1998) 97.

[100] K. Kalcher, J-M. Kauffman, J. Wang, I. Svancara, K. Vytras, C. Neuhold, Z. Yang, Electroanalysis, 7 (1995)5.

[101] R. Metelka, K. Vytras, A. Bobrowski, J. Solid State Electrochem, 4 (2000) 348.

[102] R. Martinez, M. Teresa Ramirez, I. Gonzalez, Electroanalysis, 10 (1998) 336.

[103] K. Ravinchandran, R.P. Baldwin, J. Electranal.Chem. 126 (1981) 293.

[104] Q.J. Chi, W. Goepel, T. Ruzgas, L. Gorton, P. Heiduschka, Electroanalysis, 9 (1997) 357.

[105] J. Wang, B. Greene, e C. Morgan, Anal.Chim.Ata, 158(1984)15.

[106] H. Kahlert, F. Scholz, Electroanalysis, 9 (1997) 922.

[107] S. B. Khoo, J. Zhu, Analyst, 121 (1996) 1983.

[108] Q. Cai, S.B. Khoo, Electroanalysis, 7 (1995) 379.

[109] M. Guttman, K-HL. Beyer, Fresenius J.Anal.Chem, 356 (1996) 263.

[110] J. Wang, V.B. Nascimento, J. Lu, D.S. Park, L. Angnes, Electroanalysis, 8 (1996) 635.

[111] I. Helms, F. Scholz, Fresenius J.Anal.Chem, 356 (1996) 237.

[112] J. Labuda, H. Kogova, M.Vanickova, Anal.Chim.Ata, 305 (1995) 42.

[113] P. Ugo, L.M. Moretto, P. Bertoncello, J. Wang, Electroanalysis, 10 (1998) 1017.

[114] P. Kula, Z. Navratilova, P. Kulova, M. Kotoucek, Anal.Chim.Ata, 385 (1999) 91.

[115]   Ch. Wang, H. Zhang, Y. Sun, H. Li, Anal.Chim.Ata, 361 (1998) 133.

[116]   Ch.Wang, H. Li, Electroanalysis, 10 (1998) 44.

[117]   E-D. Jeong, M-S. Won, Y-B. Sbim, Electroanalysis, 6 (1994) 887.

[118]   A. Walcarius, C. Despas, P. Trens, M.J. Hudson, J. Bessiere, J.Electroanal.Chem.453 (1998) 249.

[119]   H. Yao, G.Ramelow, J.Talanta. 45 (1998)1139.

[120]   Z-U. Bae, Y-L. Kim, H-Y. Chang, F. Song, Anal.Sci.Technol.8 (1995) 611.

[121]   S.B. Khoo, Q. Cai, Electroanalysis, 8 (1996) 549.

[122]   M-S. Woon, D-W. Moon, Y-B. Shim, Electroanalysis, 7 (1995) 1171.

[123]   T. Molina-Holgado, J.M. Pinilla-Macias, L. Hernandez-Hernandez, Anal.Chim.Ata, 309 (1995) 117.

[124]   R. Agraz, J. de.Miguel, M-T. Sevilla, L. Hernandez, Electroanalysis, 8 (1996) 565.

[125]   P. Akhtar, H.A. Devereaux, A.J. Downard, B. O'Sullivan, K.J. Powell, Anal. Chim. Ata, 381 (1999) 49.

Capítulo II: Métodos electroquímicos utilizados

Neste capítulo, faremos uma revisão dos fundamentos teóricos e práticos das técnicas electroquímicas utilizadas neste trabalho.

I- AMPEROMETRIA

A amperometria é uma técnica que consiste em determinar a intensidade da corrente que flui através de uma célula ëlectroquímica quando o elétrodo de trabalho é submetido a um potencial que permite a transferência ëlectroquímica. Geralmente, é utilizado um sistema convencional de três eléctrodos: elétrodo indicador, elétrodo auxiliar e elétrodo de referência.

Análises quantitativas ampëromëtricas consistem em rëfërering para uma linha de calibração ou usando a técnica de adição de dosës. Estes métodos expressam verërimentalmente o coeficiente de proporcionalidade entre a corrente limite de difusão e a concentração da espécie ëko^^^E As medições são realizadas em condições bem definidas e reprodutíveis (natureza e concentração do eletrólito, pH, potencial, agitação).

Na amperometria, a corrente farádica residual devida à presença de vestígios de impurezas electroactivas limita a sensibilidade da análise. A corrente capacitiva resultante da ligação do elétrodo é muito rapidamente anulada. O limite de sensibilidade é de aproximadamente 10^{-8} M. A corrente residual depende também da natureza do elétrodo e dos tratamentos químicos ou electroquímicos que lhe tenham sido aplicados [1-2].

II- VOLTAMETRIA CÍCLICA

A voltamëtrie cíclica tem sido ëlë ëtudiëe tlK'oriquement antërieurement por vários autores [3-7]. Esta técnica baseia-se, como qualquer técnica ampërométrica ëlectroquímica, na troca de electrões entre um ëk^re^ e um espécime químico em solução (solução designada por ëlectrolito) ou na superfície do elétrodo. Uma molécula química

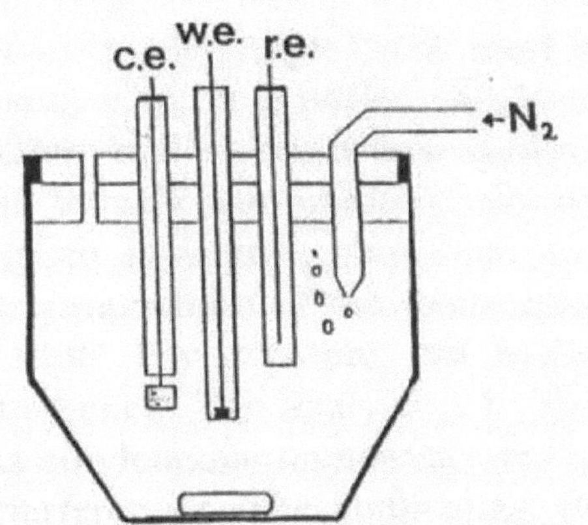

Figura 1: Diagrama esquemático da célula ëlectroquímica. **w.e.**: elétrodo de trabalho, **c.e.**: elétrodo auxiliar e **r.e.**: elétrodo de referência.

A capacidade de ceder ou de captar um ou mais electrões é qualificada como uma espécie electroactiva e pode estar presente quer na forma oxidada (Ox) quer na forma reduzida (Red), de acordo com o seguinte equilíbrio fundamental:

$$\text{Red} \underset{(2)}{\overset{(1)}{\rightleftharpoons}} \text{Ox} + n\,e^- \qquad (a)$$

Para um par redox reversível, caracterizado por uma transferência de carga muito rápida, as concentrações das espécies Ox e Red na vizinhança do elétrodo, Cox e Cred respetivamente, estão relacionadas com o potencial do elétrodo, E, pela lei de Nernst:

$$E = E° + \frac{RT}{nF} \ln \frac{Cox}{Cred}$$

OndeE°: o potencial padrão do par Ox/Red,

R: a constante dos gases perfeitos,

T: a tempëratura em Kelvin, n: o número de electrões envolvidos, F: a constante de Faraday.

A existência de uma reação ëlectroquímica implica o transporte da substância ёк^та^^^ consumёe um elétrodo, desde a solução até à superfície onde sofre a transferência! ëlectrónica. Este transporte de material resulta automaticamente no aparecimento de um gradiente de concentração, que provoca um fluxo de difusão da substância. A camada de solução perto do elétrodo na qual existem gradientes de concentração é chamada camada de difusão.

A Voltamëtrie li^aire é uma técnica eletroquímica particularmente inkressante para obter informações qualitativas e quantitativas sobre uma reação eletroquímica [8,9]. Trata-se de um método simples e de fácil utilização que fornece numerosas informações sobre os processos que ocorrem na superfície do elétrodo (adsorção, passivação, etc.) e sobre o comportamento das espécies electroactivas detectadas (sistema rápido, reversível, número de electrões trocados, etc.). O método consiste em fazer variar o potencial de um elétrodo de trabalho estacionário ao longo do tempo. Durante esta variação, regista-se a corrente correspondente. Uma varredura de potencial de alkr-retorno entre dois valores de potencial dë fim à li^aire voltamëtrie cíclica, comuiK'inente chamada voltamëtrie cíclica.

Na figura 2 apresenta-se um voltamograma I = f(E) obtido num elétrodo estacionário para um par redox reversível Ox/Red, considerando que apenas a forma Red está inicialmente presente na solução e não se adsorve à superfície do elétrodo, em funçâo do tempo. O potencial inicial (Ei) é escolhido de modo a que a corrente Hë na oxidação do Vermelho seja iK'gligeable (Ei < E°: potencial padrão do par redox). A corrente medida a este potencial corresponde à corrente capacitiva. Ao varrer para potenciais positivos, o primeiro пюШё do ciclo i = f(E) pode ser registado e apresenta um pico de corrente anódica associado à direção 1 da reação (a).

O aspeto carac^rístico dos picos de um voltamograma registado num elétrodo estacionário pode ser explicado pela variação das concentrações de Ox e Red na camada de difusão na vizinhança da superfície do elétrodo. De facto, à medida que o potencial se torna mais positivo e, em particular, à medida que se aproxima de E°, a alteração do processo de oxidação de Red para Ox resulta num aumento da corrente anódica. Quanto mais elevado for o valor do potencial, maior será a taxa de transformação do Vermelho em Ox e maior será a depleção do Vermelho nas proximidades do elétrodo. A partir de um potencial de

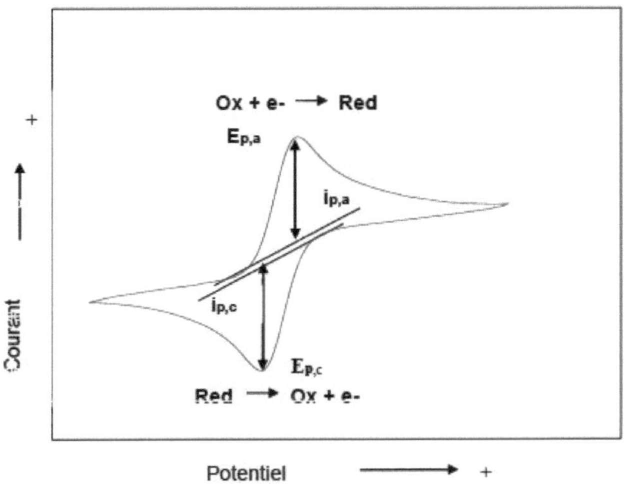

Figura 2. Voltamograma cíclico registado para uma única espécie vermelha em solução

Appe1ë potencial de pico anódico ($E_{p,\,a}$), 1 a depleção é tal que resulta num dëcrescimento da corrente anódica. Durante a varredura de retorno, as moléculas de Ox geradas durante a primeira parte do ciclo e presentes na camada de difusão em grandes quantidades, são então reduzidas e um pico catódico caracterizado por $I_{p,c}$ e $E_{p,c}$ é observado.

O voltamograma obtido é caracterizado por vários parâmetros. No caso de um sistema reversível. As correntes de pico $i_{p,a}$ e $i_{p,c}$ são idênticas, proporcionais à concentração da espécie ëelectroactiva. Aumentam com a raiz quadrada da velocidade de varrimento, de acordo com a seguinte equação:

$$I_p = 2.69 \times 10^5 \times n^{3/2}\, A\, D^{1/2}\, v^{1/2}\, C \qquad (\text{à } 25°C)$$

Com

D: coeficiente de difusão da espécie ëtudiëe (cm^2.s^{-1}),

v: velocidade de varrimento (V.s^{-1}),

A: área de superfície do elétrodo (cm^2),

C: concentração da espécie ëtudiëe (mol.cm^{-3}).

A posição dos picos no eixo é uma função do valor do potencial redox padrão. Para um sistema reversível, o potencial padrão é dado por :

$$E° = (E_{p,a} + E_{p,c}) / 2$$

A separação entre os dois picos é dada por :

$$\Delta E_p = E_{p,a} - E_{p,c} = 0.058 / n \qquad (\text{en Volts})$$
(em Volts)

n: o número de electrões envolvidos.

Logo que a taxa de transferência de electrões seja inferior à taxa de transferência de matéria, diz-se que o sistema é "electroquimicamente irreversível". Para um tal sistema, a lei de Nernst deixa de ser aplicável à superfície do elétrodo e as expressões para as correntes e potenciais de pico, que não são aqui apresentadas, incluem parâmetros adicionais (coeficiente de transferência, constante de velocidade heterogénea).

III-TÉCNICAS DE PULSO

Em geral, a voltamperometria é um método electroanalítico em que a informação sobre o analito é obtida a partir da medição da corrente em função da tensão no elétrodo de trabalho. Este método é utilizado a um nível fundamental para compreender os mecanismos das reacções de oxidação e redução em diferentes meios e para estudar os processos de adsorção e transferência de electrões em superfícies quimicamente modificadas. No início dos anos 60, foram feitos vários desenvolvimentos para melhorar a sensibilidade e a seletividade destes métodos voltamperométricos. De facto, a presença de uma corrente de carga não negligenciável, ligada à dupla camada representada pela interface elétrodo-solução, limita consideravelmente a aplicação desta técnica de análise. A corrente capacitiva, resultante do comportamento da dupla camada como condensador, é muito difícil de eliminar.

Foram apresentadas várias soluções graças aos progressos da eletrónica e ao desenvolvimento de circuitos de deteção adequados. Para distinguir a corrente farádica (diretamente ligada à transferência de electrões) da corrente capacitiva (ligada à dupla camada representada pela interface elétrodo-solução), foram sobrepostos vários sinais à tensão contínua normalmente aplicada. Estas técnicas, designadas por alternada, pulsada e pulsada diferencial, foram inicialmente utilizadas para desenvolver a técnica polarográfica e depois aplicadas aos métodos voltamperométricos. [23] O ganho no limite de deteção é muito apreciável (por um fator de 10 e 10).

O primeiro método polarográfico por impulso foi desenvolvido por Barker [10,11] em 1957. Mas é a R. e J. Osteryoung [12,21] e aos seus colaboradores que se deve a maior parte do desenvolvimento de toda a gama de técnicas de impulso. Existem dois grupos de técnicas voltampëromëtricas de impulso atual:

> voltampëromëtrie impulsionnelle differentielle (ou impulso constante): ligado
sobrepõe um impulso periódico quadrado a uma "rampa de varrimento" linear.

> Voltametria de tensão quadrada

III.1 Voltametria de acionamento diferencial

O princípio deste método [22-25] consiste em sobrepor impulsos de amplitude constante a uma tensão contínua que varia linearmente com o tempo. Para além da componente farádica DC, a corrente resultante tem uma componente capacitiva que diminui rapidamente e uma componente farádica devida ao impulso. A corrente é medida duas vezes: a primeira vez antes de o impulso ser dado, ou seja, qualquer corrente não devida ao impulso é medida e armazenada na memória; a segunda vez no final do impulso, para que a corrente capacitiva devida ao impulso tenha tido tempo de se anular. A corrente transmitida é a diferença entre as duas medições $\mathit{JI = I(2) - I(1)}$. Este princípio elimina a componente capacitiva e a corrente contínua. O limite de deteção atingido é da ordem de ppb.

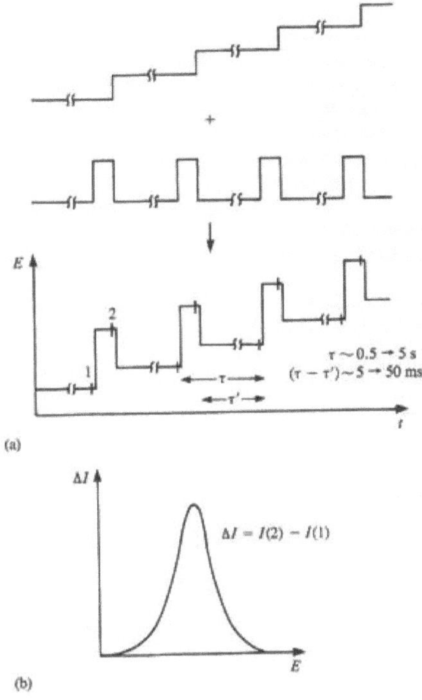

Figura 3: Voltametria de impulsos diferenciais (a) sobreposição de impulsos
(b) O lucro da corrente transmitida em função do potencial

III.2 Voltametria de onda quadrada

O sinal de excitação é obtido pela sobreposição a uma "escada" de potencial, de altura AEp, de uma onda quadrada simétrica de amplitude AEs em fase com a frequência dos "degraus da escada" (Figura 4a). A corrente é ëchantLLonnë durante intervalos de tempo muito curtos no final de cada pulso, onde a corrente de carga é praticamente constante. O voltamograma resultante (Figura 4b) corresponde, na verdade, à diferença das correntes anódica e catódica ëchantillonnës (Ai = ii - ii), ë^тят: portanto, a corrente capacitiva. A altura do pico é proporcional à concentração do espécime ëlectroactivo, e o potencial de pico corresponde ao potencial de meia onda observado na polarografia normal.

O potencial de passo AEp, o përiode de *m* e a amplitude do impulso AEs são três parâmetros que podem influenciar a largura e a altura do pico, ou seja, o poder de resolução e a sensibilidade^ do método.

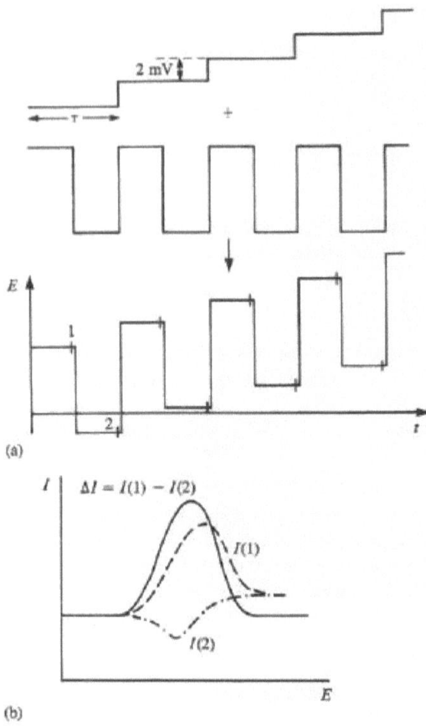

Figura 4: (a) Tensão imposta versus tempo. Montagem de uma tensão escalonada
e uma tensão simétrica de onda quadrada. (b) Voltampërograma resultante da
de um impulso de "onda quadrada"

IV- VOLTAMETRIA POR REDISSOLUÇÃO ANÓDICA

IV-1 Introdução

Embora o procedimento em si seja conhecido há muito tempo [22-29], a análise voltamétrica por redissolução tem tido um crescimento considerável nos últimos anos devido às sensibilidades muito elevadas exigidas por certas análises nos domínios biológico, químico, ambiental e eletrónico [30]. Este método permite a determinação simultânea de vários elementos em concentrações da ordem dos ppb. A técnica pode também ser utilizada em ambientes complexos e oferece uma excelente precisão. Por último, a instrumentação utilizada é pouco dispendiosa.

A Voltamëtrica por redissolução anódica é particularmente aplicável à determinação de metais, embora vários compostos orgânicos tenham sido analisados. Os meios estudados são muito variáveis. A água potável, a água natural, a água da chuva e a água do mar têm sido frequentemente analisadas.

Os princípios gerais que regem esta técnica são descritos de seguida.

IV-2 Princípios gerais

Este método (Anodic Stripping Voltammetry ASV) consiste em reduzir o catião em questão a um potencial catódico determinado por um elétrodo escolhido em função da análise a efetuar. Após um período de repouso, o potencial é varrido para valores menos negativos e o metal ou amálgama depositado redissolve-se quando o potencial corresponde à sua reoxidação. A corrente resultante é medida.

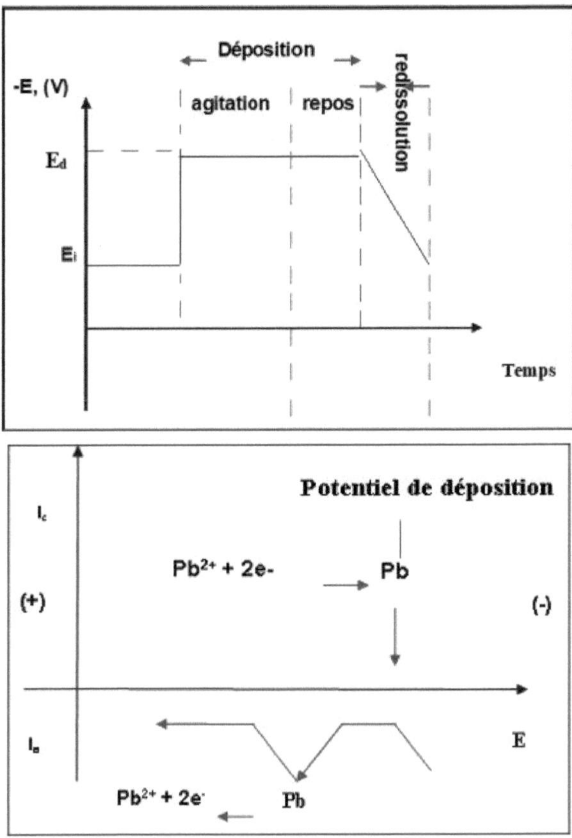

Figura 5: Os ëtages da medição voltamétrica por redissolução anódica.

a- Estádio de concentração

Três factores principais devem ser tidos em conta neste processo

- Escolha do potencial de posição do elétrodo

O potencial de ëlectrodëposição deve ser escolhido de forma a assegurar a redução do catião, evitando a deposição de outras substâncias que possam interferir.

- Tempo de electroposição

Em geral, a concentração de metal na amálgama é proporcional ao tempo de eletrólise. Este tempo será portanto adaptado à quantidade de iões a determinar. [6-9]É geralmente aceite que um tempo de dois minutos é adequado para uma solução de 10 M; este tempo pode ser prolongado até sessenta minutos se a concentração for inferior a 10 M.

- Transporte de massa

Um aumento na corrente de eletrólise e, consequentemente, um aumento na quantidade de metal depositado ou amalgamado, pode ser conseguido através da agitação da solução. Os

27

fenómenos de convecção serão assim adicionados ao processo de difusão e aumentarão o fornecimento de matéria. O aumento da superfície do eletrão permite também sensibilizar a técnica sem alterar o tempo de funcionamento.

b-Tempo de repouso

O período de repouso observado entre a fase de concentração e a redissolução favorece a distribuição homogénea da amálgama. Este período assegura igualmente a estabilização da solução na célula. Este tempo de repouso deve ser mantido constante ao longo de uma série de medições.

c-Fase de redissolução

A fase de redissolução nem sempre pode ser realizada no meio em que a concentração de metal foi alcançada, e é então necessário mudar o eletrólito de suporte após a fase de repouso ou adicionar um composto adicional ao eletrólito de suporte após a fase de repouso ou adicionar um composto adicional ao eletrólito inicial. Este procëdë deve ser considerado quando os potenciais de pico de dois metais estão muito próximos um do outro.

A sensibilidade dë depende principalmente da taxa de varrimento do potencial, que é geralmente definida entre 5 e 100mV/s. No entanto, um aumento deste parâmetro gera também uma corrente capacitiva não negligenciável, que afecta negativamente a definição da linha de base, dando origem a uma corrente residual significativa.

V- POTENCIOMETRIA DE REDISSOLUÇÃO

Esta técnica, que foi recomendada no final dos anos 70, beneficiou muito com os avanços dos computadores e microprocessadores, permitindo um controlo e registo rápidos dos dados [32,33]. A PSA é semelhante à ASV, na medida em que o procedimento de acumulação é o mesmo, com a única diferença de que a etapa de redissolução é efectuada na presença de um oxidante na solução ou, em alternativa, por uma corrente anódica aplicada que assegura a oxidação dos analitos reduzidos.

Baseia-se numa etapa electrolítica, concebida para pré-concentrar a substância a analisar na superfície do elétrodo onde é aplicado um potencial de redução, seguida da medição da alteração do potencial do elétrodo de trabalho em função do tempo durante a etapa de redissolução.

Fase de pré-concentração (electrolítica): $\longrightarrow$ Mn+ + ne- M(Hg).

Fase de redissolução (química) : $\longrightarrow$ $^+$M(Hg) + oxidante Mn + ne-

(oxidante = oxigénio dissolvido ou iões de mercúrio).

Esta técnica tem as mesmas vantagens que a SQASV. A dëaëração de ëcЬап1Шоп8 é, geralmente, desnecessária, uma vez que o Гохудёпс dissolvido pode ser ийНзё como um oxidante. A medição do potencial do Mectrodo em função do tempo dá um voltamograma dt/dE em função do tempo, que fornece informações quantitativas e qualitativas sobre os metais presentes na solução.

REFERÊNCIAS

[1] B. D. Epstein, E. Dalle-Molle e J. S. Mattson, Carbon, 9 (1971) 609.

[2] V. L. Snoeyink e W. J. Weber, Progr. Surface Membrane Sci. 5 (1972) 63.

[3] W. Kemula e Z. Kublik, Nature, 182 (1958) 793.

[4] R. S. Nicholson, Anal.Chem.37 (1965) 667.

[5] A. J. Bard e L. R. Faulkner, "Electrochimie, principes, mëthodes et applications" Masson, Paris, (1983).

[6] R. N. Adams, "Electrochemistry at solid electrodes" M.Dekker, New York, (1969).

[7] R. S. Nicholson e I. Shain, Anal. Chem. 36 (1964), 706.

[8] P.T. Kissinger e W.R. Heineman, "Laboratory Techniques in Electroanalytical Chemistry" M.Dekker, Nova Iorque, (1984).

[9] D. Bauer, M. Lamache, C. Colin e G. Cote, "Voltampëromëtrie sur ëlectrode solide", Technique de l'ingënieur, p.10, (1984),2125.

[10] G. C. Barker, A. W. Gardner, Proc.Congr.Mod.Anal.Chem.Ind, St Andrews (1991) 957.

[11] G. C. Gardner, A. W.Gardner, Z. Anal. Chem. 173 (1960) 79.

[12] E. P. Parry, R. A. Osteryoung, Anal. Chem. 36(1964) 1366.

[13] E. P. Parry, R. A. Osteryoung, Anal. Chem. 37(1965) 1634.

[14] H. E. Keller, R. A. Osteryoung, Anal. Chem. 43 (1971) 342.

[15] J. Osteryoung, R. A. Osteryoung, Amer.Lab., 4 (1972) 8.

[16] J. H. Christie, R. A. Osteryoung, J. Electroanal. Chem. 49 (1974) 301.

[17] D. J. Myers, R. A. Osteryoung, J. Osteryoung, Anal. Chem. 46 (1974) 2089.

[18] J. Osteryoung, R. A. Osteryoung, Anal. Chem, 57 (1985) 101A.

[19] J.J. O'Dea, J. Osteryoung, "Electroanalysis Chemistry", vol 14, Ed. A.J.Bard, Dekker, N.Y.,1986.

[20] Z. Stojek, J. Osteryoung, Anal. Chem. 63 (1991) 839.

[21] J. Osteryoung, Acc. Chem. Res. 26 (1993) 77.

[22] AMEL, Modern Polarographic and voltametric Analysis A Handbook, versão 3. julho de 1994.

[23] J. Wang, Analytical Electrochemistry, segunda edição, Wiley-VCH (2000).

[24] C. M. A. Brett, A. M. O. Brett, Electranalysis, Oxford University Press Inc. Nova Iorque 1998.

[25] J. Wang, "Stripping Analysis, Principles, Instrumentation, and Applications", V.C.H publishers Inc, Nova Iorque, (1985).

[26] E. Barendrecht, "Stripping Voltammetry", em A.J.Bard, "Electroanalytical Chemistry", M. Dekker, Nova Iorque, V.11, (1967).

[27] T. R. Copeland, R. K. Skogerboe, Anal.Chem, 46 (1974) 1257A.

[28] I. Shain, "Stripping Analysis", em I.M.Kolhoff e P.Elving, "Treatise on AnalyticalChemistry", parte I, Interscience, Nova Iorque, (1963), Vol IV.

[29] F. Vydra, K. Stulik, E. Julakova, "Electrochemical Stripping Analysis", Ellis Horwood Ltd, Chichester, (1976).

[30] A. M.Bond, "Modern Polarographic method in Analytical Chemistry", M.Dekker, Nova Iorque, (1980), Cap. 9.

[31] D. Jagner, Analyst, 107 (1982) 593.

[32] A. M. Graabaek, B. Jeberg, intern.Lab., 9 (1982) 33.

PARTE EXPERIMENTAL
Capítulo III
MÉTODO AMPEROMÉTRICO DE DETERMINAÇÃO
VESTÍGIOS DE MERCÚRIO (II) PELA FORMAÇÃO DE UM
COMPLEXO COM L-TIROSINA.
I- INTRODUÇÃO

Os métodos electroanalíticos que utilizam eléctrodos quimicamente modificados para a determinação do mercúrio sofreram um desenvolvimento considerável nos últimos anos. As primeiras modificações envolveram eléctrodos de ouro [1-4], tendo estes eléctrodos sido tradicionalmente utilizados para a determinação de mercúrio devido à sua elevada sensibilidade. Os eléctrodos de platina, grafite e pasta de carbono têm sido utilizados como substratos para a película de ouro na deteção de mercúrio [5-11]. O mercúrio forma uma amálgama com o ouro na superfície destes eléctrodos, permitindo a sua deteção.

No entanto, a principal desvantagem da utilização destes eléctrodos de ouro no domínio analítico é a regeneração da superfície do elétrodo e o pré-tratamento eletroquímico lento e complicado que é necessário efetuar de cada vez para obter uma boa reprodutibilidade.

Outros trabalhos centraram-se na utilização de eléctrodos de pasta de carbono (CPE). Desde 1964 [12], foram publicados vários estudos destinados à determinação de mercúrio em eléctrodos de pasta de carbono modificados. A pasta de carbono foi modificada com vários compostos orgânicos selectivos para o mercúrio [13-17]. Foram também utilizados permutadores de iões, tais como Amberlite ou HYPHAN [18,19]. Ugo e colegas modificaram eléctrodos de carbono serigrafado com Sumichelate Q10R (contendo grupos ditiocarbamato) para a análise de vestígios de mercúrio; esta modificação permitiu atingir um limite de deteção muito baixo da ordem de 12pM [20].

A utilização de outros compostos selectivos de mercúrio como modificadores de eléctrodos sólidos foi amplamente estudada na literatura. A aplicação de certos permutadores de iões ao desenvolvimento de novos métodos voltamétricos de permuta de iões para a determinação selectiva do mercúrio foi recentemente publicada. Moretto et al utilizaram o Tosflex, um permutador de aniões perfluorados, para modificar o elétrodo de carbono vítreo [21].

A seletividade tem sido marcadamente melhorada pela introdução de agentes quelantes dentro de um polyrëre. Assim, Chen et al misturaram com Nafion, 1 dietil-ácido ditiocarbâmico (composto I) e 18-courrona éter-6 (composto II). Conseguiram analisar Pb^{2+}, Cu^{2+} e Hg^{2+} utilizando DPASV. A concentração determinada variou de $5,10^{-7}$ a $5,10^{-5}$ M utilizando o composto I e de $2,10^{-6}$ a $4,0^{-5}$ M para o composto II [22]. Outros polímeros de permuta aniónica, como o poli(4-vinilpiridina) [23] e um derivado catiónico de polipirrol [24], foram também utilizados para a análise do mercúrio. Um estudo de Turyan et al relativo à modificação do elétrodo de carbono vítreo por "Kryptofix-222" atingiu um limite de deteção inferior a 0,2 g/l utilizando SQWASV[25]. O mesmo autor utilizou recentemente uma membrana permselectiva de Kryptofix-222 na qual foi incorporada poli(4-vinilpiridina) para a análise do mercúrio [26].

Todos os métodos de determinação acima descritos baseiam-se na complexação de metais pesados por compostos selectivos ou na troca iónica.

Neste capítulo, utilizámos o aminoácido L-tirosina para a determinação do mercúrio. Esta determinação baseia-se na inibição da resposta da tirosina na presença de mercúrio.

Vários iões metálicos formam complexos com aminoácidos e pequenos péptidos. Esta complexação tem sido extensivamente estudada para melhor compreender o fenómeno da complexação de metais de transição a nível proteico. Recentemente, foram medidas as afinidades dos iões lítio, sódio, cobre [27] e zinco [28] com os aminoácidos mais comuns. Foram igualmente examinados os complexos formados entre certos catiões e a tirosina. [++]Ryzhov et al. estudaram as interações catião-л na complexação dos catiões Na e K com os aminoácidos aromáticos Phe, Tyr e Trp [29]. Este tipo de ligação não covalente é muito comum entre as proteínas e os seus substratos catiónicos. É também o caso dos cristais de bis(tirosinato) cobre(II) [30], bis(tirosinato) paládio(II) [31] e (glicina-leucina-tirosina) Cu(II)[32].

Lembre-se que a L-tirosina é um ácido аттё que ocorre naturalmente no corpo.

[3+]Tem um pKa de 2,2 (grupo -COOH) e 9,1 (grupo -NH) e a sua fórmula é a seguinte

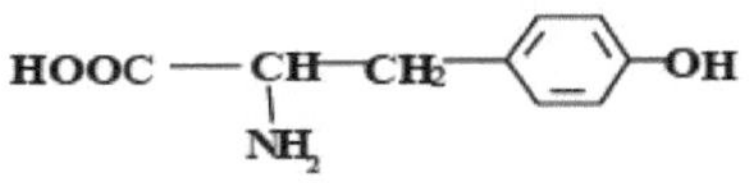

$$HOOC - CH - CH_2 - C_6H_4 - OH$$
$$\quad\quad\quad | $$
$$\quad\quad NH_2$$

L-tirosina

A tirosina é importante para a estrutura de quase todas as protëinas do corpo [33]. É também um precursor direto de vários neurotransmissores [34-35], incluindo L- dopa, dopamina, nopëpinëfrina e l^pinefrina.

II- PARTE EXPERIMENTAL

II-1 Equipamento

As medições ampométricas foram ëlë rëalisëtric usando um instrumento BAS CV-27 acoplado a um detetor eletroquímico BAS LC-3D e um gravador X-Y. A voltametria cíclica foi ëlë rëalisëtric usando um potenciostato-galvanostato Autolab PGSTAT 10.

As medições ampëromëtricas foram ëlë feitas sob agitação constante a 300 rpm.

A célula ëlectroquímica utilizada é uma célula convencional de três eléctrodos. [2]O elétrodo de referência é Ag/AgCl ([KCl]=3M), o elétrodo auxiliar é um fio de platina e o elétrodo de trabalho é um elétrodo de platina com uma superfície gëomëtrica de 3,14 mm .

II-2 Reagentes

Os produtos químicos utilizados são todos de qualidade "para análise". A água utilizada para preparar todas as soluções é água bidestilada. [-3-12+]A solução-mãe de mercúrio é uma solução de Hg 10 mol/l preparada a partir de HgCh.

Neste trabalho foram utilizadas soluções de fosfato de sódio de pH 2 a 11. As soluções de pH 2 a 5 são preparadas a partir de fosfato monobásico e ajustadas com ácido fosfórico. [-1]As soluções de pH 5 a 9 foram preparadas a partir de soluções 0,1 mol/l de fosfato de sódio monobásico e dibásico. As soluções de pH 10 e 11 são preparadas a partir de fosfato dibásico ajustado com hidróxido de sódio.

Os aminoácidos L-tirosina, ácido clorídrico de L-cisteína, L-triptofano e as moléculas L-dopa (3,4-di-hidroxifenilalanina), dopac (ácido 3,4-di-hidroxifenilacético) e dopamina (3-hidroxitiramina) são produtos comercializados pela Aldrich.

O cloreto de metilmercúrio e o acetato de fenilmercúrio são provenientes, respetivamente, de "JM Alfa Products, Karlsruhe, F.R.Germany" e "Sigma".

Todas as medições são efectuadas à temperatura ambiente, $25 \pm 1°C$.

III-RESULTADOS E DISCUSSÃO

III-1 Oxidação eletroquímica da L-tirosina

O aminoácido L-tirosina oxida no elétrodo de platina a potenciais positivos e negativos.

dá uma resposta eletroquímica fracamente definida [36-39]. O mecanismo da sua oxidação eletroquímica apresentado na literatura é o seguinte

$$HOOC-CH(NH_2)-CH_2-C_6H_4-OH \xrightarrow[-H^+]{e^-} HOOC-CH(NH_2)-CH_2-C_6H_4=O$$

A figura 1 mostra voltamogramas da oxidação de 20gM de L-tirosina em tampão fosfato a pH=7 na ausência e na presença de mercúrio.

A voltametria cíclica da solução de tirosina isolada mostra uma onda de oxidação irreversível em E=+0,8V. Este resultado está de acordo com o trabalho de kenneth et al [40] que ëtudië a oxidação da tirosina sobre um ëlectrodo de Pt, o pico de oxidação irreversível em ële obtido a +0,8V utilizando uma solução 3mM de tirosina a pH=6,5 . A adição de uma alíquota de solução de mercúrio levando a uma concentração de 50gmoll·1 na célula ëlectroquímica produz uma diminuição de 20% na corrente de pico e um deslocamento dëcal do pico para os potenciais mais ^gativos. A diminuição da corrente é provavelmente explicada pela formação de um complexo entre a tirosina e os iões de mercúrio.

Para melhor compreender esta phënomëne entre a tirosina e o mercúrio, recorremos à ampëromëtrie como técnica. Este ëtude consiste em ëstudar o efeito da presença de mercúrio no sinal da tirosina.

III-2 Otimização da resposta eletroquímica da tirosina

III-2-1 Influência do potencial de trabalho :

A escolha do potencial de trabalho é necessária para a iritude ampёromёtrica que queremos alcançar. Estudos preliminares mostram que a L-tirosina se oxida a potenciais positivos num meio neutro. Assim, ёtudiёmos a resposta da tirosina a pH7 para cada valor de potencial aplicado. A faixa de ёtudiё está entre 0 e IV/Ag/AgCl. As correntes de oxidação da tirosina obtidas para cada potencial aplicado são mostradas na Figura 2.

Observamos que a oxidação da tirosina ocorre a partir de um potencial superior a 0,6V.

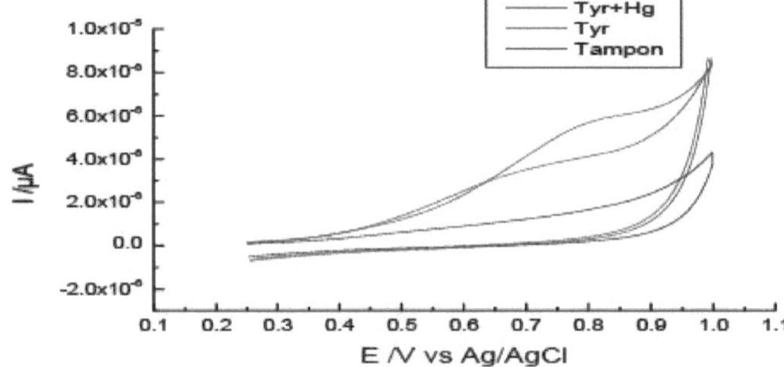

Figura 1: Voltamogramas da electrooxidação de 20µM L-tirosina (vermelho) e 20µM $^{2+}$L-tirosina + 50 LIVI Hg (azul) em tampão fosfato 0,1 M a pH 7 (preto). $^{-1}$Velocidade de leitura 50 mV s .

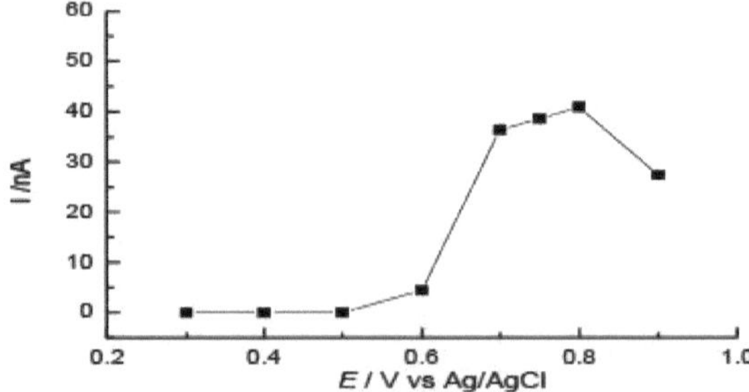

Figura 2: O efeito do potencial aplicado na corrente de oxidação de 20µM L-tirosina em tampão fosfato 0,1M a pH=7.

Estudos anteriores da equipa de Ogura mostraram que este valor de potencial corresponde à orientação complementarmente plana do anel benzeno da tirosina na superfície do elétrodo [41]. A adsorção de aminoácidos sobre um ёlectrodo de platina, em soluções básicas, é realizada através do grupo carboxílico terminal que se encontra na forma aniónica e começa a adsorver a partir de +0,4V/ Ag/AgCl. O anel benzénico começa a ser orientado paralelamente à superfície do elétrodo a partir de +0,3V e a orientação plana completa-se aproximadamente a +0,6V, como se mostra no diagrama abaixo.

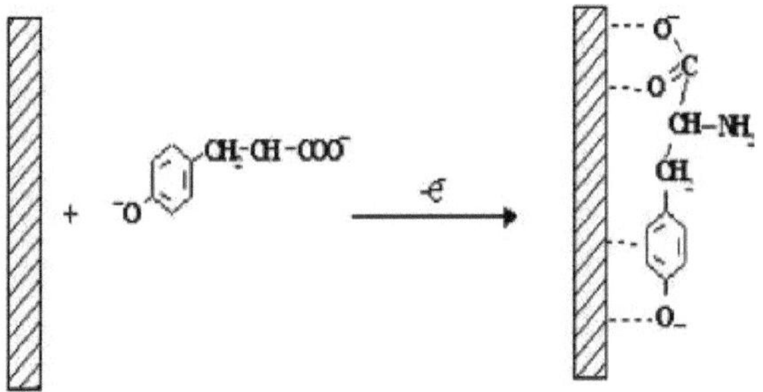

Estudos semelhantes em eléctrodos de prata [42] e de ouro [43] deram os mesmos resultados. A adsorção começa através dos grupos carboxílicos ionizados e depois o anel aromático é orientado paralelamente à superfície.

III-2-2 Influência do pH

Foi efectuado um estudo dependente do pH para determinar a influência da variação do pH no sinal de oxidação da tirosina. Foram efectuadas medições amperométricas da oxidação da tirosina a valores de pH compreendidos entre 2 e 11. A figura 3 mostra que o sinal de oxidação da tirosina depende do pH. A melhor resposta é obtida na gama de pH entre 7 e 9.

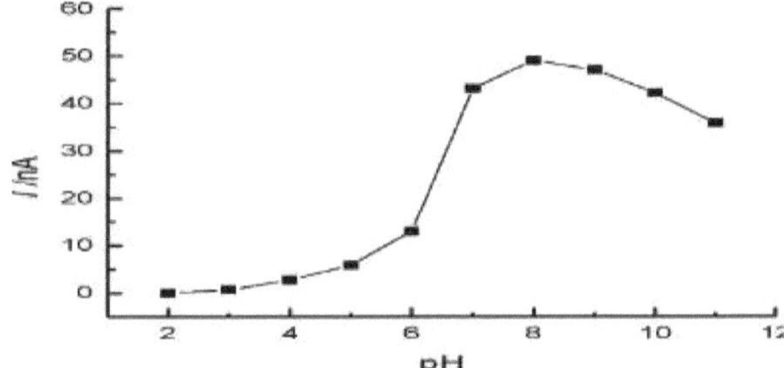

Figura. 3: O efeito do pH na corrente de oxidação de 20µM L-tirosina a +0,75 V vs. Ag/AgCl.

Dado que os melhores resultados, em termos de corrente, são obtidos a partir de potenciais superiores a 0,6V e numa gama de pH entre 7 e 9, vamos continuar o nosso trabalho estudando o efeito da adição de mercúrio no sinal de oxidação da tirosina.

III-3 Processo de determinação do mercúrio (II)

O elétrodo de platina é imerso numa célula que contém 10 ml de tampão fosfato e, uma vez estabilizada a corrente residual, a tirosina é injectada na célula. A figura 4 mostra curvas típicas de corrente-tempo. A corrente de oxidação da tirosina adicionada é medida como $I1$. Quando os iões de mercúrio são adicionados à solução, formam um complexo não electroactivo com a tirosina, observa-se uma diminuição da corrente de oxidação da tirosina, sendo a corrente $I2$ medida após 11 minutos. $^{2+}$A diminuição percentual do sinal da tirosina devido à adição de iões Hg pode ser expressa da seguinte forma

$$I\% = \frac{I_1 - I_2}{I_1} * 100$$

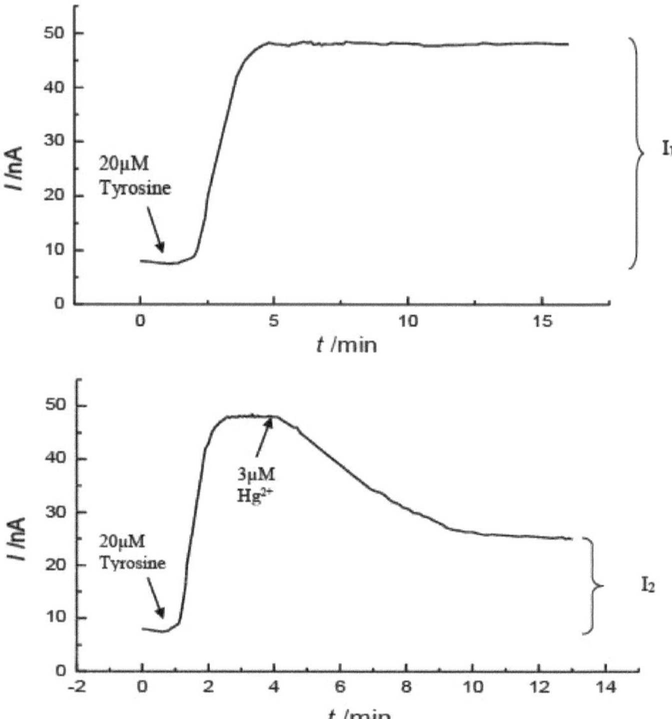

Figura 4: Curvas típicas de corrente-tempo obtidas antes e depois da adição de iões de mercúrio a E= +0,75V e pH= 7.

Curvas típicas de corrente-tempo obtidas antes e depois da adição de iões de mercúrio tem E= +0,75V e pH= 7.

III-4 Efeito da concentração de tirosina

A influência da concentração de tirosina foi ële ëtudiëe. [-1]Para o efeito, foram preparadas diferentes soluções com concentrações de 4, 20, 50 e 100 Limol l. A Figura 5a mostra que ao aumentar a concentração de tirosina, a corrente de oxidação aumenta.

Verificamos que uma concentração elevada de tirosina de 100 LIVI dá um sinal instável. Isto deve-se provavelmente à orientação das moléculas de tirosina na superfície do elétrodo. Foi demonstrado que a orientação das moléculas adsorvidas depende do grau de cobertura da superfície [44].

A adição da mesma concentração de mercúrio ILIVI a soluções de diferentes concentrações de tirosina mostra que a taxa de inibição não varia. A figura 5b mostra a taxa de inibição do sinal de tirosina para as diferentes concentrações. $^{2+}$De facto, qualquer que seja a concentração de tirosina utilizada, a taxa de inibição registada para uma concentração de 3gM de Hg é igual a 30%.

Tendo em conta os resultados obtidos, foi escolhida uma concentração de 20 LIVI como a concentração óptima de trabalho para o resto do estudo.

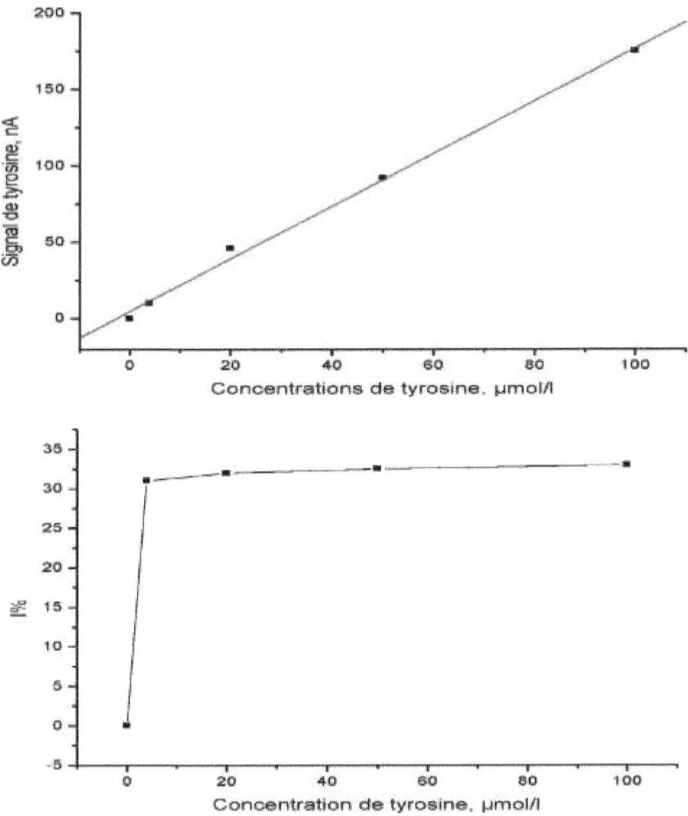

Figura 5: Efeito da concentração de tirosina no (a) sinal de tirosina (b)
Diminuição percentual
do sinal na presença de 1^mol/l de mercúrio a 0,75 V e pH=7.

III-5 Otimização das condições de trabalho

Foi realizado um estudo amperométrico na gama de potencial entre 0,6 e 0,9V, gama onde se tinha registado uma boa resposta de oxidação da tirosina. A Figura 6a mostra que se observa uma diminuição significativa da ordem dos 54% na presença de 3,0 |imoll-1 de iões de mercúrio a E = +0,75V. É da ordem dos 50% a +0,7V e nula a +0,6V.

Variámos também o pH da solução para verificar se a taxa de inibição era dependente do pH. Assim, foram efectuadas medições amperométricas a E=+0,75V e na gama de pH 7 a 9. A figura 6b mostra que o melhor resultado, correspondente a 54% de inibição do sinal da tirosina, é obtido a pH = 7.

Quisemos verificar que a inibição da corrente só é possível se a tirosina for oxidada na superfície do elétrodo. Para o efeito, incubou-se uma solução contendo 200µM de tirosina e 30µM de mercúrio (II) durante períodos que variaram entre 10 e 60 min. A injeção de 1ml destas soluções na célula contendo 9ml de tampão fosfato pH=7, dá origem a uma grande corrente de oxidação do mercúrio seguida de uma diminuição do sinal que dura cerca de 11min. Isto confirma a adsorção de tirosina seguida da formação de um complexo na superfície do elétrodo após a adição de mercúrio e sugere que a orientação das moléculas de tirosina na superfície do elétrodo é favorável à formação de um complexo de mercúrio adsorvido na superfície do elétrodo de platina.

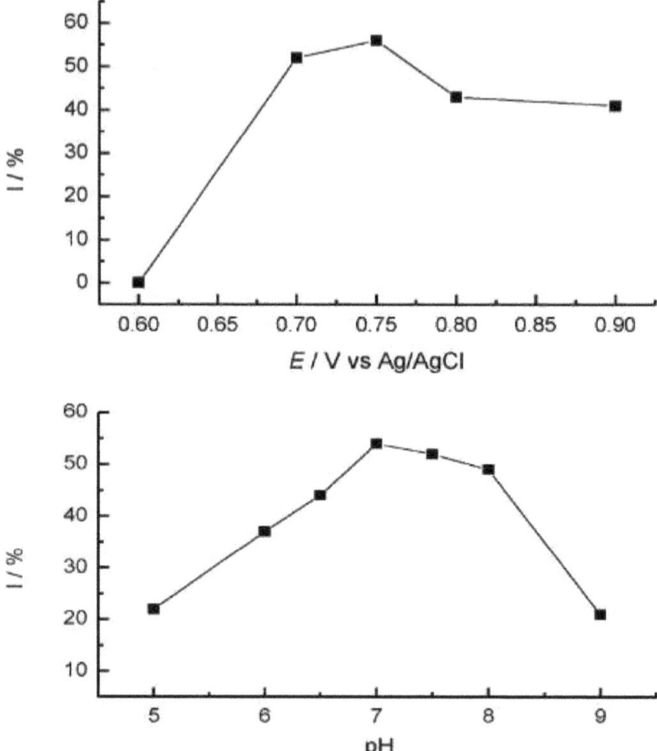

Figura 6: (a) Efeito do potencial aplicado a pH= 7 (b) Efeito do pH a E=0,75 V vs. Ag/AgCl, na diminuição percentual da corrente de oxidação de 20 ιινι L-tirosina + 3ιινι Hg^{2+}

III-6 Curva de calibração

$^{2+}$Nas condições optimizadas prëcëdently (pH=7 e E=0,75V), a variação da percentagem de diminuição do sinal de tirosina I% em função da concentração de iões de mercúrio Hg ajoutëe, a ëlë ëtudiëe. $^{-1}$A curva de calibração apresentada na Figura 7 mostra linearidade na gama 0,02 - 3 gmol l de mercúrio (II). $^{2+}$A equação de regressão é: log% = 0,38 log [Hg] + 3,8 com r = 0,997.

$^{-1}$Assumindo uma relação sinal/ruído de fundo de 3 (3c), o limite de deteção é estimado em 14 nmol l .

A repetibilidade da análise é determinada através da realização de seis medições repetidas com uma concentração de 3LIM de mercúrio. O coeficiente de desvio padrão relativo é de 2,2%.

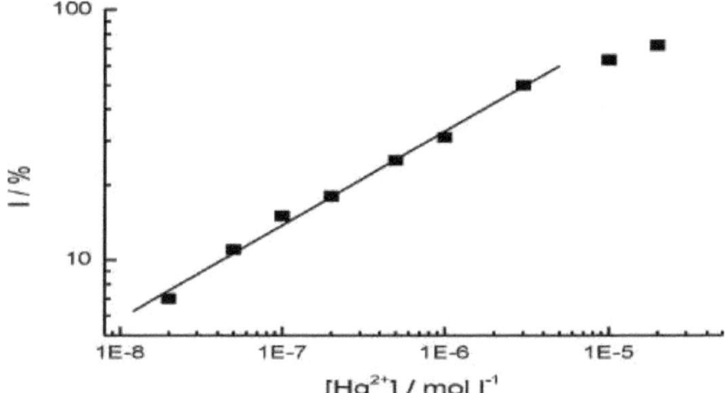

Figura 7: Curva de calibração para iões de mercúrio em 20gM de L-tirosina a E=0,75V e pH=7.

III-7 Aplicação ao mercúrio orgânico

O mëtodo optimisëe a ële também testadoëe para a dëterminação de vestígios das duas formas mais reactivas de mercúrio orgânico, metilmercúrio e fenilmercúrio. Um ëtude ampërométrico é rëalisëe sob as mesmas condições que prëcëdently. A adição de uma solução de fenilmercúrio ou metilmercúrio à solução de tirosina não mostra qualquer inibição do sinal. Pode, portanto, deduzir-se que não é possível qualquer complexação com estas formas orgânicas de mercúrio e que este método só pode ser utilizado para a análise de iões de mercúrio Hg lábeis, quer livres quer fracamente Hë3 em complexos.

III-8 Cálculo da constante de complexação

A corrente de oxidação da tirosina medida é proporcional à concentração de tirosina aderida à superfície. Quando os iões Hg são adicionados à solução, formam um complexo com a tirosina e, consequentemente, observa-se uma diminuição da corrente. Esta diminuição está diretamente relacionada com a concentração de iões de mercúrio e com a constante de formação do complexo. Assim, vamos determinar a concentração do complexo e depois calcular a constante de formação do complexo.

A formação do complexo entre a tirosina e o Hg pode ser expressa como

$$\text{Tyr} + n\,\text{Hg}^{2+} \xrightarrow{\beta_n} [\text{Hg}_n\text{Tyr}]^{2n+} \tag{1}$$

A constante de treino, β_n, é

$$\beta_n = [\text{Hg}_n\,\text{Tyr}]^{2n+} / \{[\text{Tyr}].[\text{Hg}^{2+}]^n\} \tag{2}$$

Durante as experiências, a concentração total de tirosina na superfície do elétrodo, $[\text{Tyr}]_T$, tem um valor constante expresso da seguinte forma

$$I_i = k[\text{Tyr}]_T \tag{3}$$

em que k é uma constante.

A corrente inicial I_i medida na ausência de mercúrio é diretamente proporcional a $[\text{Tyr}]_T$.

Quando os iões de mercúrio são adicionados à solução, a corrente medida é proporcional à concentração de tirosina, que ainda não é complexa:

$$I_2 = k[\text{Tyr}] \tag{4}$$

Para além disso, $[\text{Tyr}]_T = [\text{Hg}_n\text{Tyr}]^{2n+} + [\text{Tyr}]$ $\tag{5}$

De acordo com as equações 2, 3, 4 e 5

$$\beta_n = ([\text{Tyr}]_T - [\text{Tyr}]) / \{[\text{Tyr}].[\text{Hg}^{2+}]^n = (I_1 - I_2) / (I_2.[\text{Hg}^{2+}]^n) \tag{6}$$

Por conseguinte, o valor de n e, portanto, a strechiomëtrie do complexo pode ser determinado a partir do declive da curva de $\log[(I_1 - I_2)/I_2]$ versus $\log [\text{Hg}2+]$. Obtém-se uma linha reta com um declive n = 0,51.

Este valor de n indica que duas moléculas de tirosina estão envolvidas em cada complexo electroactivo Tyr2Hg na superfície do elétrodo.

Consequentemente, a Eq.1 pode ser escrita como :

$$\beta_{1/2}$$

$$2\text{Tyr} + \text{Hg}^{2+} = [\text{Hg Tyr}_2]^{2+}$$

A Eq.6 pode ser rearranjada da seguinte forma:

$$I_1/I_2 = 1 + \beta_n.[\text{Hg}^{2+}]^n \tag{7}$$

Isto permite-nos determinar o valor de $P_{1/2}$ a partir da curva da variação de I_i/I_2 em função da raiz quadrada de $[\text{Hg}^{2+}]$. O declive desta curva permite-nos deduzir a constante de formação do complexo mercúrio-tirosina, $P_{1/2}$, que é 627±19.

Este valor é semelhante aos obtidos para os complexos de cobre e chumbo com o ácido N-(2-hidroxietil) piperazina-N'-3-propanossulfónico [46].

III-9 Estudo de interferências

A fim de testar a seletividade deste método, as mesmas experiências foram realizadas em condições optimizadas na presença de vários catiões metálicos, tais como Zn^{2+}, Ag^+, Cu^{2+}, Ni^{2+}, Cd^{2+}, Pb^{2+}, Co^{2+}, Fe^{2+} e Fe^{3+}.

Foi determinada a concentração de cada catião correspondente a uma diminuição de 10% e 50% da corrente na presença de 20µM tirosina.

Os resultados deste estudo, apresentados na Tabela. 1, revelaram uma excelente seletividade em relação aos iões de mercúrio (II).

Para obter uma redução de 50%, é necessário adicionar uma concentração de Zn^{2+} ou Cd^{2+} 100 vezes superior à do mercúrio. O único ião que pode realmente interferir com a determinação do Hg é o ião Cu^{2+} cobre. De facto, de acordo com o quadro 1, basta que o cobre esteja presente na solução numa concentração 10 vezes superior à dos iões de mercúrio para que se observe uma taxa de inibição da corrente de oxidação de 50%. Esta interferência pode ser evitada através da adição de um agente de mascaramento adequado.

Catião	Hg^{2+}	Zn^{2+}	Ag^+	Cu^{2+}	Ni^{2+}	Cd^{2+}	Pb^{2+}	Fe^{2+}	Fe^{3+}	Co^{2+}
$[\ ]_{10}$ (^moll^{-1})	0.05	8.0	6.2	0.7	7.9	5.9	12.3	5.6	10.1	8.2
$[\ ]_{50}$ (^moll^{-1})	3	400	330	40	400	330	600	330	500	400

Tabela 1. Concentração de diferentes catiões que permitem uma taxa de inibição de 10% e 50% da corrente de oxidação de 20 |imol l^{-1} de tirosina a +0,75V/Ag/AgCl

III-10 Comparação com outras moléculas

O comportamento da tirosina em relação aos iões de mercúrio e a sua suscetibilidade de formar um complexo foi comparado com outros compostos com uma estrutura semelhante à da tirosina, como o catecol, a dopa, o dopac e a dopamina, bem como com dois aminoácidos oxidáveis, a cisteína e o triptofano. As estruturas destas moléculas são apresentadas no quadro 2.

As experiências foram efectuadas a pH 7 e ao potencial correspondente ao potencial de oxidação de cada molécula. Foi efectuado um estudo de voltametria cíclica para cada molécula a fim de definir o potencial de trabalho. Não foi observada qualquer reação de inibição para estas moléculas na presença de mercúrio, com exceção da cisteína. De facto, na presença de mercúrio, a resposta da cisteína apresenta uma diminuição significativa e muito mais rápida do que na presença de tirosina.

MÓLECULO	ESTRUTURA
Tirosina	$HOOC-CH(NH_2)-CH_2-C_6H_4-OH$
Triptofano	indol$-CH_2-CH(NH_2)-COOH$
Cisteína	$HS-CH_2-CH(NH_2)-COOH$
Catecol	$C_6H_4(OH)_2$
Dopa	$HOOC-CH(NH_2)-CH_2-C_6H_3(OH)_2$
Dopac	$HOOC-CH_2-CH_2-C_6H_3(OH)_2$
Dopamina	$H_2N-CH_2-CH_2-C_6H_3(OH)_2$

Tabela 2: Estruturas das diferentes moléculas testadas

De facto, a cisteína reage através dos grupos tiol com o mercúrio em solução, formando o complexo cistina mercúrica em solução [47-48], o que explica que a resposta seja obtida apenas 30s após a adição de mercúrio. Este não é o caso da tirosina, em que os iões de mercúrio formam um complexo com a tirosina oxidada e adsorvida na superfície do elétrodo, pelo que a resposta só é obtida 11 minutos após a adição dos iões de mercúrio.

Os resultados, resumidos no quadro 3, comparam o potencial de interferência dos iões de cobre. Mostram que a cisteína é 3 vezes mais sensível aos iões de mercúrio do que a tirosina, mas, por outro lado, é muito menos selectiva. De facto, obtém-se uma redução de 50% do sinal de oxidação da cisteína com uma concentração de cobre 5 vezes inferior à do mercúrio.

	Hg (μmol l^{-1})	$^{2+}$(μmol l^{-1})
Tirosina	3.0	40.0
Cisteína	1.0	0.2

Tabela 3: A concentração correspondente à diminuição de 50% do sinal de oxidação de 20 iiM de aminoácido após a adição de iões metálicos

III-11 Reversibilidade da formação de complexos

A fim de estudar a reversibilidade do sistema tirosina-mercúrio na superfície do elétrodo, estudámos a resposta do sistema após a adição de EDTA. O procedimento utilizado foi o seguinte: após o registo da resposta da tirosina, adicionou-se 3LiM de mercúrio à célula, tendo-se observado uma diminuição de 50% da resposta. A adição de 20µM EDTA mostra uma recuperação de 24% do sinal inicial de oxidação da tirosina. A adição de uma concentração mais elevada de EDTA não melhorou a recuperação do sinal. Este facto é explicado pela formação do complexo solúvel Hg-EDTA.

III-12 Análise de amostras reais

$^{2+}$O desempenho analítico do método foi primeiramente avaliado através da determinação de Hg em amostras de água da torneira. As amostras foram preparadas adicionando mercúrio à água da torneira e analisadas sem qualquer tratamento prévio.

O efeito da adição de cada uma das três amostras no sinal de oxidação de 20 LiM de tirosina foi estudado nas mesmas condições previamente optimizadas. $^{2+}$Os resultados da determinação de Hg nestas soluções são apresentados no quadro 4. A recuperação obtida foi satisfatória. No entanto, para concentrações inferiores a 0,2 LiM, a recuperação foi inferior.

N.º da amostra	$^{2+}$[Hg] adiciona/ (μmol l^{-1})	$^{2+}$[Hg] encontrado / (μmol l^{-1})	Taxa de recuperação / (%)
1	0,20	0,17	85 ± 3
2	0,30	0,29	97 ± 2
3	0,40	0,42	105 ± 2

$^{2+}$**Quadro 4**: Análise de Hg em amostras de água da torneira

O mesmo método foi também aplicado a três amostras diferentes de águas residuais, onde a presença de interferências é obviamente possível devido à complexidade da matriz. Por este motivo, estas amostras foram analisadas pelo método da adição de dose. As taxas de recuperação obtidas após a análise destas amostras sem qualquer tratamento prévio foram muito baixas (inferiores a 40%). A presença de matéria orgânica na matriz afecta a análise na medida em que os iões de mercúrio podem ser encontrados na sua forma orgânica.

Assim, estas últimas não são lábeis em solução e, por conseguinte, não podem formar complexos com a tirosina. A taxa de recuperação melhorou acentuadamente após a acidificação das amostras ë para pH 2. A amostra é então Шёгё através de uma membrana cujos poros têm um diâmetro de 0,45 |im. O objetivo deste pré-tratamento é tornar os iões de mercúrio lábeis na solução. $^{-3-1}$Uma solução com uma concentração de 10 moll de tartarato de sódio e potássio é adicionada à solução como agente de mascaramento[49] para evitar qualquer interferência dos catiões mëtálicos com o mercúrio.

Nestas condições, foram obtidas taxas de recuperação elevadas (94-102%). $^{2+}$Os resultados da análise das diferentes amostras às quais foi adicionado Hg são apresentados no quadro 5. Verificou-se que a amostra 3 continha compostos orgânicos electroactivos com um sinal de oxidação inferior a 25% do da tirosina. Para calcular a percentagem de inibição, o sinal de oxidação destes compostos electroactivos foi subtraído ao da tirosina.

	Amostra N°1	Amostra N°2	Amostra N°3
[-1]A concentração detectada após diluição da amostra (nmol l)[a]	$24 \pm 1,5$	$22 \pm 1,3$	$46 \pm 3,4$
[-1]A concentração detectada após a adição de 50nM (nmol l)	$75 \pm 4,5$	$70.4 \pm 4,1$	93 ± 8
Taxa de recuperação (%)	102	97	94
[-1]Valor real (^mol l)[a]	$0,240 \pm 0,015$	$0,220 \pm 0,013$	$0,460 \pm 0,034$
Coeficiente de variação (%)	6	6	7

[a] os valores reais são obtidos multiplicando o valor detectado pelo fator de diluição

[2+]**Tabela 5**: Determinação de Hg em amostras de águas residuais

IV- CONCLUSÃO

Este estudo levou ao desenvolvimento de um novo procedimento amperométrico para a determinação do mercúrio (II). Este procedimento baseia-se na formação, na superfície do elétrodo de platina, de um complexo de fórmula HgL2 entre a tirosina adsorvida e oxidada na superfície e os iões de mercúrio.

Este método é muito simples e fácil de implementar. Oferece um tempo de análise relativamente curto de 11 minutos, é pouco dispendioso e pode ser aplicado no terreno. Um estudo de interferência com outros iões metálicos revelou uma boa seletividade da tirosina em relação aos iões de mercúrio (II).

Um estudo comparativo efectuado com outras moléculas de estrutura semelhante à da tirosina mostra que esta é a única molécula capaz de formar um complexo com iões mercúrio após ter sido oxidada e adsorvida na superfície do elétrodo. [-1]Para além da sua boa seletividade, o limite de deteção atingido é da ordem dos 14 nmol l .

[2+]Este método pode ser utilizado com precisão para a determinação do mercúrio Hg em águas contaminadas. Para matrizes muito complexas, demonstrou ser um procedimento fiável para a análise de águas residuais contaminadas com outros iões metálicos ou compostos electroactivos.

O mercúrio orgânico pode ser analisado através da mineralização de amostras que contenham produtos de organomercúrio antes da análise utilizando o método AOAC [45].

REFERÊNCIAS

[1] Y. Bonfil, M. Brand e E. Kirowa-Eisner, Anal. Chim. Ata, 424 (2000) 65.

[2] Yul. D'yachenko, VV. Kondrat'ev, Zh. Anal. Khim, 53 (1998) 401.

[3] HG. Jayaratna, Separações actuais, 16 (1997) 93.

[4] ChM. Watson, DJ. Dwyer, JC. Andle, AE. Bruce, MRM. Bruce, Anal.Chem 71 (1999) 3181.

[5] E.P. Gil e P. Ostapczuk, Anal.Chim.Ata, 293 (1994) 55.

[6] C. Faller, N. Yu. Stojko, G. Henze e K.Z. Brainina, Anal. Chim. Ata, 396 (1999) 195.

[7] I. Svancara, M. Matousek, E. Sikora, K. Schachl, K. Kalcher e K. Vytras, Electroanalysis, 9 (1997) 827.

[8] J. Wang e B. Tian, Anal. Chim. Ata, 274 (1993) 1.

[9] M. Korolczuk, Fresenius J.Anal.Chem, 357 (1997) 389.

[10] E.A. Zakharova, V.M. Pichugina, T.P. Tolmacheva, Zh.Anal.Khim, 51 (1996) 1000.

[11] E.A. Viltchinskaia, L.L. Zeigman, S.G. Morton, Electroanalysis, 7 (1995) 264.

[12] T. Kuwana, W.G. French, Anal.Chem. 36 (1964) 241.

[13] Z. Navratilova, Electroanalysis, 3 (1991) 799.

[14] Z. Navratilova e P. Kula, Electroanalysis, 4 (1992) 683.

[15] E-D. Jeong, M-S. Won, Y-B. Sbim, Electroanalysis, 6 (1994) 887.

[16] S.B. Khoo e Q. Cai, Electroanalysis, 6 (1996) 549.

[17] P. Kula, Z. Navratilova, P. Kulova, M. Kotoucek, Anal.Chim.Ata, 385 (1999) 91.

[18] X. Cai, K. Kalcher, W. Diewald, C. Neuhold e R.J. Magee, Anal. Chem. 345 (1993) 25.

[19] I. Helms, F. Scholz, Fresenius J.Anal.Chem, 356 (1996) 237.

[20] P. Ugo, L.M. Moretto, P. Bertoncello, J. Wang, Electroanalysis, 10 (1998) 1017.

[21] L.M. Moretto, G.A. Mozzocchin e P. Ugo, J. Electroanal. Chem. 427 (1997) 113.

[22] Z. Chen, Z. Pourabedi, D.B. Hibbert, Electroanalysis, 11 (1999) 964.

[23] J-M. Zen, M-J. Chung, Anal Chem, 67 (1995) 3571.

[24] P. Ugo, L. Sperni, L.M. Moretto, Electroanalysis, 9 (1997) 1153.

[25] I. Turyan, D. Mandler, Electroanalysis,6 (1994) 838.

[26] I. Turyan, T. Erichsen, W. Schuchmann e D. Mandler, Electroanalysis, 1 (2001) 79.

[27] T. Marino, N. Russo e M. Toscano, J. Inorg. Biochem, 79 (2000) 179.

[28] R. Andreoli, G. Battistuzzi Gavioli, L. Benedetti, G. Grandi, G. Marcotigiano, L. Menabue e G.C. Pellacani, Inorg. Chim. Ata, 46 (1980) 215.

[29] V. Ryzhov, R.C. Dunbar, B. Cedra e C. Wesdemiotis. J. Am. Soc. Mass Spectrom, 11 (2000) 1037.

[30] D. Van Der Helm e C.E. Tatsch, Ata Cryst, 28 (1972) 2307.

[31] M. Sarat, M. Jesowski, H. Kozlowski, inorg.Chim.Ata, 37(1979)L511.

[32] W.A. Franks, D. Van Der Helm. Ata Crystallogr.Sect.B, 27 (1971) 1299.

[33] A. Alvestrand, M. Ahlberg, P. Forest, J. Bergstrom, *Clin Nephrol*, 19 (1983) 67.

[34] A. J.Gelenberg, C.J. Gibson, *Psychopharmacol Taureau*, 18 (1982)7.

[35] J.S. Meyer, K.M. Agallois, V.D. Deshmuckh, J.AM Geriatr Soc 7(1977)289.

[36] B. Malfoy e J.A. Reynaud, J. Electroanal. Chem, 114 (1980) 213.

[37] G.A. Rivas e V. M. Solis. Anal. Chem. 63 (1991) 2762.

[38] X.-L. Wen, Y. Jia, L. Yang e Z.-L. Liu, Talanta, 53 (2001) 1031.

[39] J. Saurina, S. Hernandez-Cassou, E. Fabregas e S. Alegret. Anal. Chim. Ata, 405 (2000) 153.

[40] K.A. Marx, T. Zhou, J. Electroanal. Chem. 521 (2002) 53.

[41] K. Ogura, M. Kobayashi, M. Nakayama e Y. Miho, J. Electroanal. Chem. 463 (1999) 218.

[42] M. Mikowska, M. Jurikiewicz-Herbich, Pol.J.Chem.72 (1998) 1096.

[43] R.S lojkowska, M. Jurikiewicz-Herbich, Colloids Surf. Parte A. Physicochem. Eng.Aspects, 178 (2001) 325.

[44] M. Jurikiewicz-Herbich, A. Muszalska, R. Slojkowska, Colloids Surf. Parte A. Physicochem.Eng.Aspect 131 (1998) 315.

[45] Métodos Oficiais de Análise da AOAC, 16ª edição, Vol II, 1995, Capítulo 11, p.17.

[46] T.M. Florence, J.Electroanal.Chem, 97 (1979)219.

[47] Y. Sakane, K. Matsumoko, Y. Osajima, Sci.Bull. Fac. Kyushu Univ. 35(1981) 37.

[48] H.M.V.M. Soares, M.G.R.T. Barros, Electroanalysis 4, 2001, 13.

[49] Jacques TONNEAU, Tables de chimie: un memento pour le laboratoire.

Capítulo IV

CARACTERIZAÇÃO DE UMA PATÊ DE CARBONO MODIFICADO POR POLI (1,8-DAN) E A SUA APLICAÇÃO À DETECÇÃO ELECTROQUÍMICA DE CHUMBO

I- INTRODUÇÃO

A fim de satisfazer a necessidade crescente de técnicas electroanalíticas e métodos de deteção cada vez mais sensíveis e económicos, a utilização de eléctrodos modificados, em especial polímeros, tem sido certamente o desenvolvimento mais surpreendente dos últimos anos [1-3].

Os polímeros contendo azoto, nomeadamente a polianilina e o polipirrol, têm sido amplamente ëlëtudiës [4-6]. A posição importante que ocupam deve-se espëcialmente às suas notáveis propriedades ëlectricas, ëlectroquímicas e ópticas, bem como às suas múltiplas aplicações em diferentes domínios. Os ëlectrodos modificados por estes polimëres podem ser utilizados como sensores, biossensores, catalisadores [7-12], etc.

Os poli-diaminonaftatenos (poli-DANs) são polímeros obtidos a partir de monómeros aromáticos contendo dois grupos amina. Há alguns anos, Oyama et al [13], Lee et al [14] e Jackowska et al [15] relataram a polimerização de 2,3-DAN, 1,8-DAN e 1,5-DAN. A modificação de diferentes eléctrodos sólidos por estes polimëres foi realizada por electropolimerização em meio ácido e em solução de acetonitrilo. No entanto, os filmes resultantes dos diferentes polímeros apresentam diferentes propriedades, devido às suas diferentes estruturas.

[+2+2+2+2+2+]Em 1992, Lee et al mostraram que o poli 1,8-DAN é capaz de acumular iões Ag a partir da solução e, subsequentemente, estes iões podem ser trocados por Hg e, presumivelmente, por outros iões, tais como Cu , Mg , Cd e Pb [14]. A sua capacidade única de extrair iões de metais pesados da solução é explicada pelo facto de um dos dois grupos amina do monomëre 1,8-DAN permanecer livre e provavelmente não participar na reação de polimerização.

A estrutura química do polímero é mostrada abaixo:

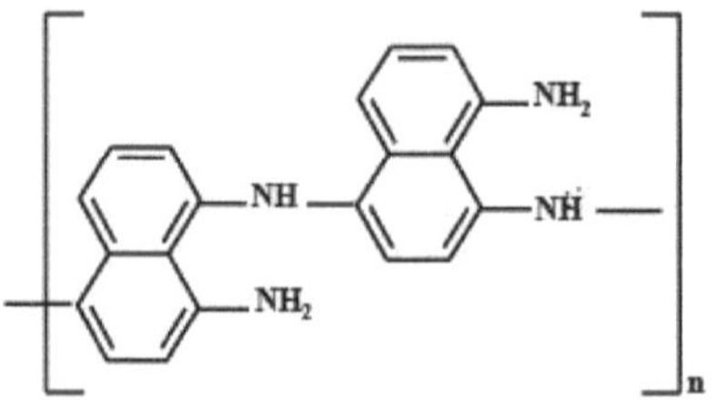

Poly 1,8-DAN

Existem vários métodos para sintetizar polímeros. No entanto, a técnica mais frequentemente utilizada é a oxidação de monómeros para formar um radical catiónico seguido de uma associação formando assim o di-catião e a repetição deste fenómeno dá origem ao polímero de acordo com o diagrama ao lado.

A síntese eletroquímica tornou-se rapidamente o método geral de preparação de polímeros devido à sua reprodutibilidade e simplicidade. A vantagem da polimerização eletroquímica é que as reacções podem ser realizadas à temperatura ambiente. A electropolimerização é geralmente realizada em :

- Modo galvanostático: electrossíntese de corrente constante;
- Modo potenciostático a potencial constante;
- Digitalização ou potencial digitalização.

Palys et al estudaram a sensibilidade do poli 1,8-DAN, preparado sobre um elétrodo de ouro, aos iões Ag^{+}, Hg^{2+} e Cu^{2+} utilizando métodos electroquímicos e espectroscópicos[16]. O estudo de voltametria cíclica mostra que os iões Ag^{+} são reduzidos na superfície do polímero, enquanto os iões Hg^{2+} ou Hg_2^{2+} são ligados à matriz do polímero. Os métodos espectroscópicos (IR, espectros Raman) indicam que os iões Hg^{2+} e Cu^{2+} são complexados pelos grupos amina no polímero. A oxidação do 1,8-DAN em eléctrodos de ouro, prata e cobre foi também estudada pelo mesmo autor [17]. Este estudo mostra que sobre o elétrodo de cobre temos a formação do complexo Cu^{2+}-(1,8-DAN)n. Para comprovar a complexação dos iões Cu^{2+} e VO^{2+} pelo poli 1,8-DAN, Kudelski et al estudaram os espectros de EPR resultantes dos complexos formados a partir do poli 1,8-DAN, electropolimerizado sobre um elétrodo de platina, em soluções aquosas de $CuSO_4$ e $VOSO_4$ [18].

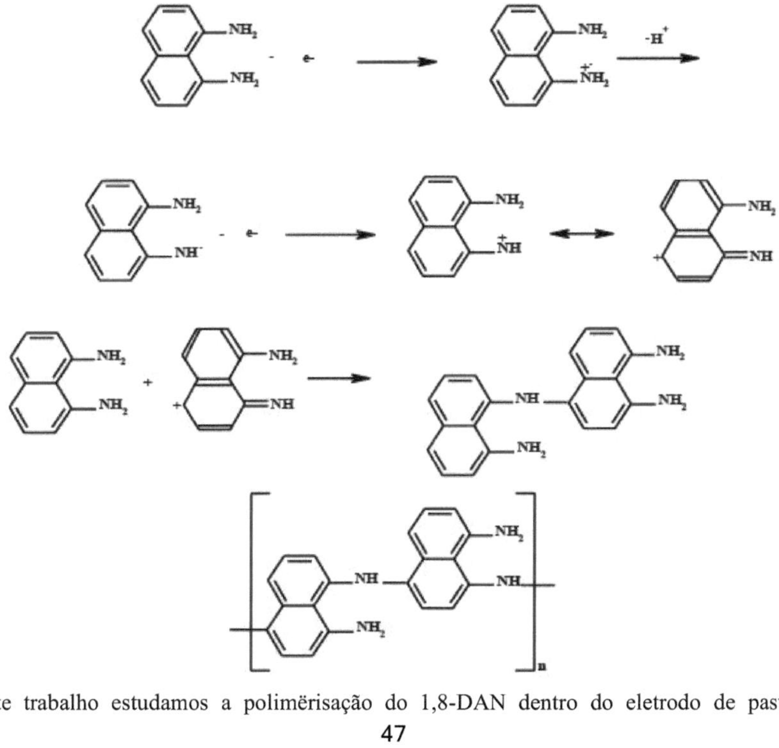

Neste trabalho estudamos a polimërisação do 1,8-DAN dentro do eletrodo de pasta de carbono. A modificação de ëlectrodos de pasta de carbono com polimëres tem ële amplamente ëtudiëe para fins analíticos. No entanto, a polimërisação de um monomëre incorporado dentro da pasta de carbono é relativamente recente.

Khoo et al foram os primeiros a propor esta nova abordagem [19]. O elétrodo de pasta de carbono foi ëlë modificado com o monomëre 2-metil-8-hidroxiquinolina. Após ëlectropolymërisação, o elétrodo modificado com o polimëre isolante obtido foi utilizado para a deteção de vestígios de Cu(II). Tal modificação tem a vantagem de uma superfície facilmente renovável e, acima de tudo, reproduzível.

Neste capítulo, preparámos o poli1,8-DAN no elétrodo de pasta de carbono em diferentes meios ácidos (ácido clorídrico HCl, ácido sulfúrico H2SO4, ácido nítrico HNO3 e ácido perclórico HClO4).

O polimëre tem ëlë comparado com meme polymëres synthëtisës em outros ëlectrodos sólidos e na superfície do lklectrodo de pasta de carbono não modificado e onde o monomëre estava em solução. Caracterizámos também o polimëre por voltamëtrie cíclica e microscopia eletrónica de varrimento.

Em seguida, ëtudië a possibilidade de aplicar o elétrodo assim modificado pelo polymëre 1,8-DAN, como um sensor capaz de pré-concentrar iões Pb(II) em circuito aberto. O estudo foi realizado utilizando a técnica DPASV. Foram estudados vários parâmetros, tais como a percentagem de monómero na pasta, a composição e o pH do meio de acumulação, o tempo de pré-concentração, etc...

II- PARTE EXPERIMENTAL

II-1 Equipamento e reagentes

As medições voltampëromëtricas foram ëlë rëalisëed usando um potenciostato Autolab PGSTAT30 (Ecochemie) controlado pelo software GPES 4.8. Como eléctrodos de trabalho foram utilizados eléctrodos de platina, carbono vítreo e pasta de carbono modificada e não modificada. O elétrodo de referência é um elétrodo Ag/AgCl (3M KCl). O contra-elétrodo é um fio de platina.

Todos os reagentes químicos utilizados são de qualidade analítica. O monomdro 1,8DAN foi obtido da Sigma. $^{-3-1}$A solução-mãe de Pb (II) 10 mol/l foi preparada a partir de uma quantidade adequada de Pb(NO3)2 (Riedel-de Haen) utilizando água bidestilada.

II-2 Preparação dos eléctrodos

II-2-1 Modificação da pasta de carbono pelo monómero 1,8-DAN: (1,8-DAN-CPE)

A pasta de carbono modificado é preparada misturando cuidadosamente num almofariz 1g de grafite em pó com o monómero 1,8-DAN, em proporções adequadas, previamente dissolvido numa pequena quantidade de acetonitrilo. De seguida, adiciona-se 0,3 ml de óleo de parafina à mistura. A mistura é homogeneizada até se obter uma pasta homogénea. A pasta está pronta a ser utilizada após a evaporação do solvente à temperatura ambiente.

É de notar que a homogeneidade da pasta desempenha um papel muito importante na reprodutibilidade dos resultados obtidos. Por conseguinte, é necessário assegurar uma mistura homogénea entre a pasta e o agente modificador. A pasta é então inserida manualmente na cavidade do corpo do elétrodo (L=2mm e ϕ= 3mm), e o contacto elétrico é assegurado por meio de um fio de aço. A superfície é finalmente polida num papel liso e limpo.

II-2-2 Electropolimerização do 1,8-DAN nos diferentes eléctrodos:

Dois métodos de polimerização foram recomendados neste trabalho. O primeiro por voltametria cíclica e o segundo a potencial constante.

O poli 1,8-DAN foi sintetizado em vários meios ácidos nos diferentes eléctrodos por varrimento de potencial linear (voltametria cíclica). A velocidade de varrimento do potencial para todos os voltamogramas foi fixada em 50 mV/s.

Para a síntese potenciostática de polímeros, aplicámos um potencial constante de +0,86V ao elétrodo durante 5min.

III-RESULTADOS E DISCUSSÃO

A fim de compreender melhor os fenómenos observados, o monómero é inserido no interior da pasta. Foi efectuado um estudo comparativo entre o polímero formado no interior do elétrodo de pasta de carbono e o polímero formado na superfície do elétrodo sólido.

III-1 Polimerização do 1,8-DAN nos diferentes eléctrodos: Monómero em solução

Para estudar a polimerização do 1,8-DAN, preparámos o polímero sobre os diferentes eléctrodos sólidos e, em seguida, comparámos os resultados obtidos.

As películas de poli (1,8-DAN) foram sintetizadas na superfície do elétrodo de platina, do elétrodo de carbono vítreo e do elétrodo de pasta de carbono nua, através da varredura do potencial entre

-0,5 e 1V/Ag/AgCl numa solução de HCl 0,1M contendo 5mM de monómero 1,8-DAN.

Os voltamogramas registados durante a polimerização eletroquímica do poli1,8-DAN nos diferentes eléctrodos (fig.1) mostram a oxidação do monómero a cerca de 0,55V. Este pico de oxidação irreversível diminui com cada varrimento até desaparecer.

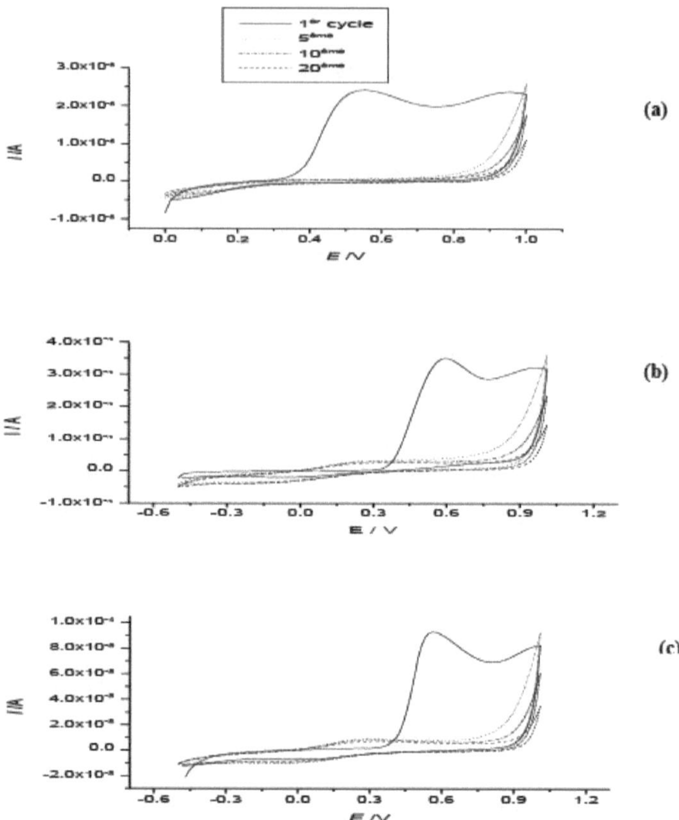

FIGURA 1: Voltamogramas obtidos numa solução de 5 mM de 1,8-DAN a uma taxa de 50mV/s em HCl 0,1M nos diferentes ëlectrodos. (a) Platina, (b) carbono vítreo e (c) elétrodo de pasta de carbono.

Isto indica que o polímero obtido em cada um dos eléctrodos é uma película não condutora que bloqueia a superfície do elétrodo e impede a continuação da polimerização.

Na presença de NaCl 0,1M na solução ácida contendo o monómero, o mesmo resultado foi observado. Isto mostra que a presença de sal no meio não tem qualquer efeito sobre a película formada.

Para comprovar a formação da película na superfície do elétrodo, estudámos o comportamento de cada elétrodo antes e depois da polimerização na presença dos dois sistemas $Fe(CN)_6^{3-/4-}$ e $Ru(NH_3)_6^{3+}$. Estes dois sistemas redox foram amplamente estudados na literatura devido à simplicidade das propriedades de transferência de electrões [20-22].

III-1-1 Na presença de $Fe(CN)_6^{3-/4-}$

Registámos a resposta do elétrodo nu e do elétrodo modificado com polímero numa solução de $Fe(CN)_6$ 10^{-2} M. Os voltamogramas obtidos para os três eléctrodos nus são os de um sistema reversível, embora lento no elétrodo de pasta de carbono. A figura 2i mostra que esta resposta obtida antes da polimerização desaparece completamente quando a mesma experiência é efectuada sobre os eléctrodos modificados, após a polimerização do 1,8-DAN e a formação do filme sobre a superfície. O desaparecimento do sinal em ambos os sistemas confirma que a película formada é uma película não condutora que bloqueia a superfície do elétrodo.

III-1-2 Na presença de Ru(NH3)6^{3+}

A fim de verificar se o fenómeno observado não é um efeito de permselectividade. $^{3+}$Testámos a resposta da película na presença de um sistema Ru(NH3)6 positivo. $^{-33+}$A figura 2ii mostra que, quando o elétrodo é modificado, qualquer que seja a sua natureza, o sinal de 10 M do Ru(NH3)6 desaparece completamente.

Estes resultados estão de acordo com os relatados por Murphy et al que estudaram a electropolimerização do 1,8DAN no elétrodo de platina [23].

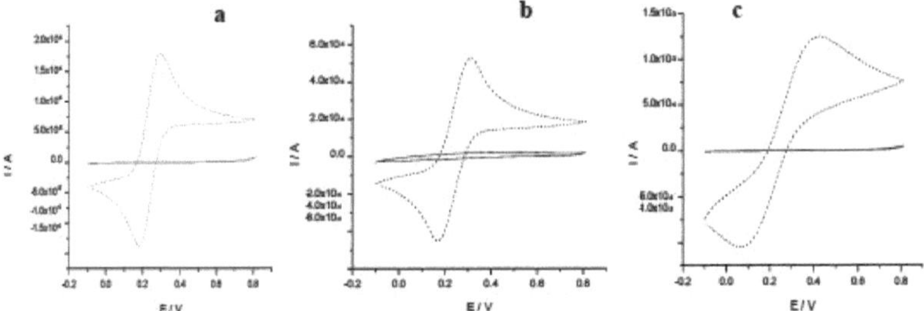

FIGURA 2i: Rëponse do Ferri/Ferro 10-2M sobre o elétrodo nu()   e sobre os ëlectrodos. modificado () por poli 1,8-DAN.   (**a**) elétrodo de platina, (**b**) carbono vítreo e (**c**) elétrodo de pasta de carbono.

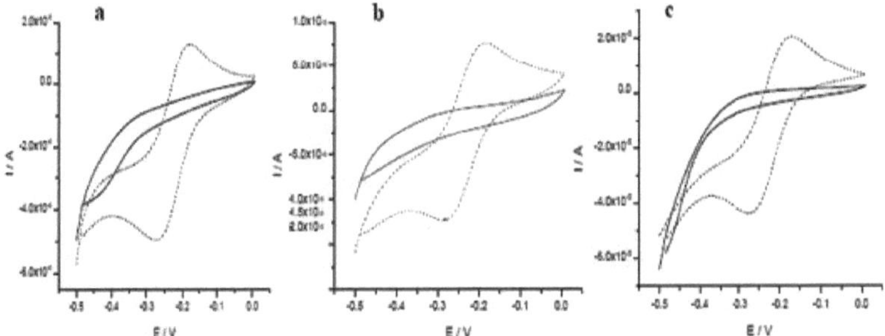

$^{-33+}$**FIGURA 2ii**: Resposta de 10 M de Ru (NH3)6 nos eléctrodos nus (não modificados) ( ) e em eléctrodos modificados ( ) (a) elétrodo de platina, (b)   elétrodo de carbono vítreo e (c) elétrodo de pasta de carbono.

III-2 Polimerização do monómero 1,8-DAN incorporado no elétrodo de pasta de carbono

Depois de estudar a polimërisação do 1,8-DAN sobre ëlectrodos sólidos, estudámos a polimërisação do 1,8-DAN quando este é incorporado em pasta de carbono, na proporção de 1%. O estudo tem ë1.ë rëalisëe em diferentes meios.

III-2-1 Influência do eletrólito de suporte
- Num ambiente ácido

Os voltamogramas obtidos durante a electropolimerização do 1,8-DAN em ácido clorídrico, por varrimento entre -0,5 e 1V, mudam radicalmente em relação aos obtidos anteriormente por polimerização do monómero em solução (figura 3a). Os voltamogramas mostram um sistema redox (E_a= 0,35V e E_c= 0,05V) cuja importância aumenta com cada varrimento. Este facto indica que o polímero formado é um polímero condutor.

Para confirmar esta observação eletroquímica, estudámos a electropolimerização em diferentes meios ácidos (ácido nítrico, sulfúrico e perclórico). A figura 3 mostra os voltamogramas obtidos durante a electropolimerização do 1,8-DAN incorporado na pasta em soluções dos diferentes ácidos. Obteve-se um sistema redox reversível varrendo entre -0,5 e 1V, com a corrente de pico a aumentar em cada varrimento.

Este resultado foi observado pela primeira vez. O 1,8-DAN apresenta o mesmo comportamento e condutividade apenas quando a película é electropolimerizada num meio orgânico de acetonitrilo [24]. No nosso caso, parece que a fase orgânica da pasta desempenha o mesmo papel que o acetonitrilo.

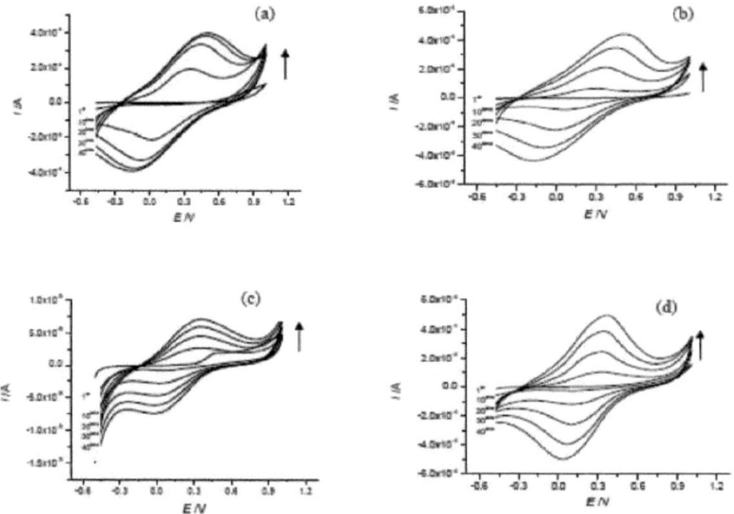

-1**FIGURA 3**: Curvas de ëlectropolymërisation para 1,8-DAN incorporado dentro do elétrodo EPC em diferentes meios ácidos (a) 0,1M HCl, (b) 0,1M $HClO_4$, (c) 0,1M H2SO4 e (d) 0,1M HNO3 a uma taxa de 50mV s .

Em todas estas soluções, a corrente aumenta à medida que as varreduras progridem durante a l'ëlectropolymërisation. Assim, o polimëre continua a formar-se durante os primeiros 40 ciclos que é ëquivalente a 40 min, depois a polimërisação pára e a corrente permanece constante, exceto no caso do ácido nítrico em que a corrente continua a aumentar após os 40min e só pára após 70mn. Este comportamento, de acordo com a literatura [14], deve-se a uma lenta transferência de electrões através da espessura do polimëre.

A Tabela 1 mostra as correntes de pico e os potenciais nos vários ácidos testados. O melhor comportamento ëlectroquímico foi ël.ë obtido utilizando ácido nítrico, com um AEp de 300mV . Este resultado está de acordo com o reportado por Lee et al que estudaram o comportamento do poli-1,8-DAN preparado em acëtonitrilo. Voltamogramas obtidos usando uma solução aquosa mostram um comportamento ëlectroquimicamente reversível, com um AEp de 200mV a uma taxa de varrimento de 50mV/s [14].

Tabela 1: Intensidades e potenciais de pico em diferentes meios ácidos

	Epc (mV)	Ipc (M)	Epa (mV)	Ipa (M)	AEp (mV)	Q (mC)
HCl	-0,156	-391	0,502	399	658	5,74
HNO3	0,038	-496	0,367	497	329	6,00
H2SO4	-0,005	-7,4	0,345	7,1	340	0,16
HCLO4	-0,171	-433	0,517	441	688	5,00

- Num ambiente neutro

A ëlectropolymërisation de 1,8-DAN incorpora dentro da pasta de carbono, um ëlë ëtudië em tampão fosfato. O elétrodo de pasta de carbono moderado por 1% do monomëre, um ëlë immërgëe numa solução de tampão fosfato 0,1M a pH 7,4, foi digitalizado para um potencial entre -0,5 e 1V a uma taxa de 50 mV/s. Os resultados mostraram que, no tampão fosfato, o filme é não-condutor. Os voltamogramas obtidos são muito semelhantes aos obtidos durante a electropolimerização de 1,8-DAN em solução em eléctrodos sólidos e no elétrodo de pasta de carbono não modificado (fig.4).

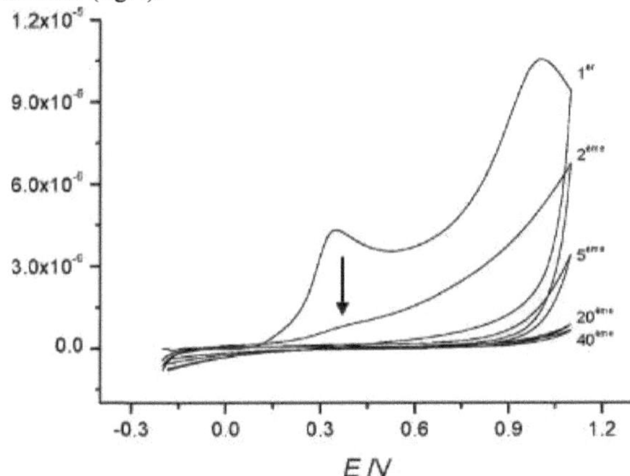

FIGURA 4: Curvas de ëlectropolymërisation para 1% de monómero 1,8-DAN incorporado no interior do elétrodo EPC em tampão fosfato 0,1M pH=7,4. Velocidade de varrimento de 50mV s⁻¹

Foram obtidos os mesmos resultados utilizando os tampões Tris pH 8, citrato pH 6 e acetato pH 4,7. Isto sugere que os protões H+ estão envolvidos na reação redox do poli(1,8-DAN).

III-2-2 Efeito do pH

[+]Para esclarecer o efeito da concentração do protão H , e consequentemente o efeito do pH no polímero formado, variámos o pH entre 0 e 2. A Figura 5 mostra a variação do potencial de pico anódico em função do pH. [2]Verificou-se que o Epa varia linearmente com o pH (r = 0,995) com um declive de 62 mV. Isto indica que os protões e os electrões participam no processo redox do polímero numa proporção de 1:1.

Ao aumentar o pH da solução, a atividade ëlectroquímica do poli 1,8-DAN diminui, e desaparece rapidamente quando o pH da solução dë passa de 2. No entanto, essa atividade pode ser facilmente recuperada quando o polímero é colocado novamente em uma solução mais ácida. Este resultado sugere fortemente que a condução é dependente de protões e electrões. Um equilíbrio que pára em pH>2, para além de pH>4 a película torna-se isolante. O mesmo comportamento foi observado para a polianilina [25].

Os voltamogramas registados do polímero em HNO3 0,1M mostraram o seu comportamento eletroquímico reversível. [-1]As correntes de pico variam linearmente com a raiz quadrada da velocidade de varrimento entre 25 e 500mVs . Isto indica que a reação redox é controlada por um processo de difusão (Fig. 6).

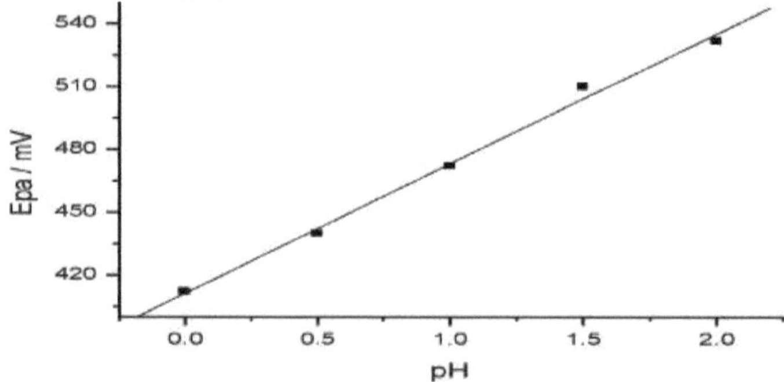

FIGURA 5: Evolução do potencial do pico anódico da resposta eletroquímica do polímero, formado no interior da pasta de carbono em HNO3, em função do pH.

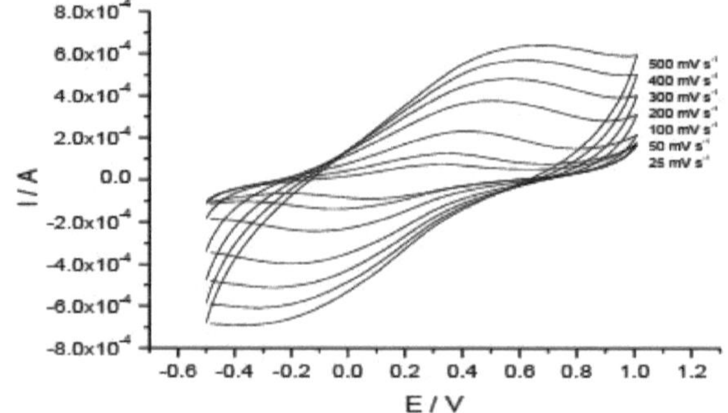

FIGURA 6: O efeito do polímero ë resposta eletroquímica
em função da velocidade de
varrimento em 0,1 M
HNO3.

111-2-3 Análise da película de poli1,8-DAN por microscopia eletrónica de varrimento (SEM)

Vërifiëmos a morfologia do filme de poli 1,8-DAN, obtido após ëlectropolymërisation de 1,8DAN incorporado dentro do elétrodo de pasta de carbono em ácido nítrico, por ë microscopia eletrónica de varrimento (SEM); e depois comparámo-lo com o do polímero não condutor formado após polimerização de 1,8-DAN em solução na superfície do elétrodo de pasta de carbono não modificado.

O SEM é utilizado para observar a morfologia das superfícies dos eléctrodos. O princípio consiste em fazer incidir um feixe de electrões sobre uma superfície e recuperar uma imagem a partir das partículas que este reflecte. A partir de um filamento de tungsténio aquecido por efeito Joule, são produzidos electrões incidentes, designados por electrões primários, que são depois acelerados. As lentes refinam o feixe, corrigem-no e focam-no na amostra a caraterizar. No impacto com a amostra, os electrões primários criam partículas diferentes. Os electrões secundários, a uma profundidade de 10 nm, fornecem uma imagem da superfície.

A análise SEM permitiu-nos ver a microestrutura dos dois polímeros formës na superfície do elétrodo. Os filmes condutores de poli 1,8-DAN apresentam uma morfologia relativamente uniforme e possuem uma estrutura granular.

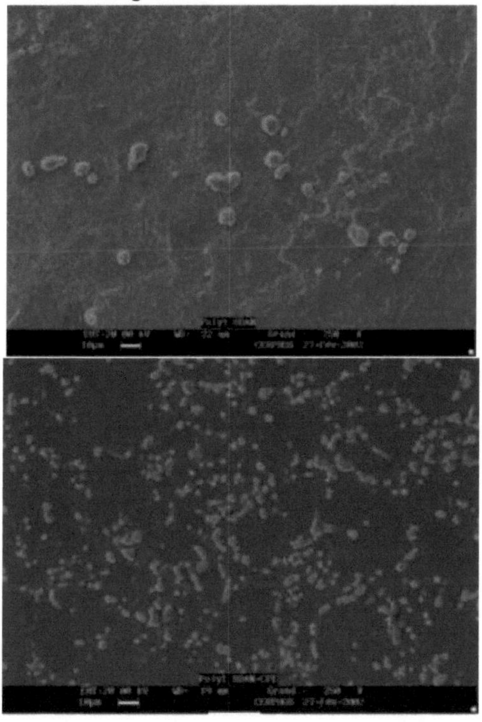

FIGURA 7: Micrografia do poli 1,8-DAN formado a partir de (a) 5 mM de 1,8-DAN em solução sobre um elétrodo de pasta de carbono não modificado (b) após electropolimerização em ácido nítrico 0,1M do 1% de 1,8-DAN incorporado no EPC.

111-2-4 Estabilidade da película

A estabilidade do poli1,8-DAN, que sintetizámos no interior do elétrodo de pasta de carbono por electropolimerização em ácido nítrico, foi verificada por voltametria cíclica. O polímero foi preservado deixando os eléctrodos embebidos em tampão fosfato pH=7,4 durante 24 horas, após **o que** a integridade do polímero foi verificada. Os voltamogramas obtidos por varrimento do potencial num elétrodo modificado com poli1,8-DAN antes e depois do armazenamento são apresentados na Figura 8. Este último mostra voltamogramas semelhantes com um desvio de potencial de 0,1V. Este facto pode ser explicado por um aumento da resistência do polímero ao longo do tempo.

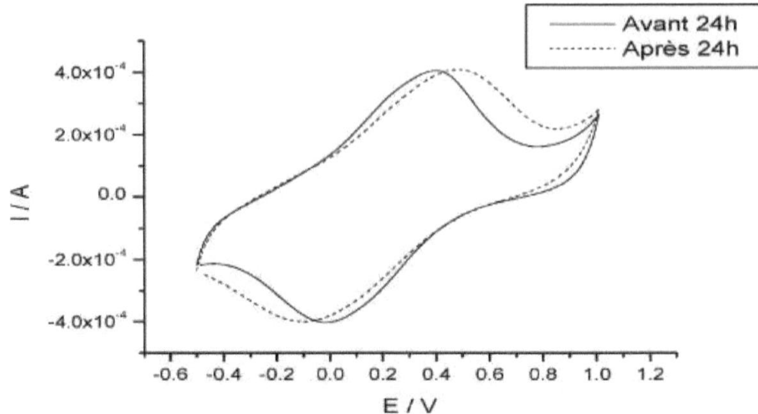

FIGURA 8: voltamogramas do poli 1,8 DAN antes e depois do armazenamento durante 24 horas em tampão fosfato 0,1 M

III-3 Deteção eletroquímica do chumbo utilizando o poli-1,8-DAN

Vários trabalhos têm ële realizado sobre a possibilidade; do poli 1,8 DAN formar complexos estáveis com metais pesados [13-14]. Neste trabalho testamos o elétrodo de pasta de carbono modificado com polímero para a determinação de Pb(II). Para otimizar as condições para a determinação eletroquímica de iões de chumbo, foram estudados e optimizados vários parâmetros.

III-3-1 Processo de determinação do Pb(II)

Utilizámos o elétrodo de pasta de carbono, modificado com poli1,8-DAN, numa solução aquosa de Pb(NO3)2 contendo KNO3 0,1M a um pH adequado. $^{2+}$A pré-concentração do Pb foi efectuada num circuito aberto com agitação a 300rpm. Após a fase de pré-concentração, o elétrodo foi retirado da solução, lavado com água bidestilada e colocado na célula de medição com uma solução de HCl 0,1M.

Foi aplicado um potencial inicial de -0,9 V durante 20 segundos antes de o voltamograma ser registado utilizando *a técnica de impulsos diferenciais anódicos*. O pico de chumbo foi observado a -0,56V. Os parâmetros utilizados foram uma amplitude de modulação de 50mV, um tempo de modulação de 50ms, um intervalo de tempo de 800ms e um passo de potencial de 10mV. Não é necessária a desaeração da solução electrolítica.

O elétrodo foi regenerado por varrimento do elétrodo entre -0,9 e 0 V numa solução electrolítica de HCl 0,1M.

III-3-2 Ensaio de acumulação de chumbo em diferentes eléctrodos

Estudos preliminares de acumulação de chumbo foram realizados num elétrodo de pasta de carbono não modificado, num elétrodo de pasta de carbono modificado com o monómero 1,8-DAN sem polimerização e num elétrodo de pasta de carbono modificado com poli1,8- DAN após polimerização. $^{2+}$A Figura 9 mostra a resposta obtida por voltametria de pulso diferencial em meio de HCl 0,1M, dos diferentes ëlectrodos testadosëes, após acumulação em circuito aberto de 10-3M Pb durante 5 min a pH=7. Não foi encontrada qualquer resposta ao chumbo no EPC não modificado ou no EPC modificado com monómero sem polimerização.

No entanto, mostrámos que no EPC modificado com poli1,8-DAN polimerizado em dois meios ácidos diferentes (HCl e HNO3), o poli1,8-DAN é capaz de acumular iões Pb(II). Observámos que estas duas películas diferentes produziram um pico anódico bem definido a -

0,56V. Parece, portanto, que o polímero sintetizado no EPC tem uma elevada afinidade para o chumbo. Este resultado está de acordo com trabalhos anteriores da equipa de Lee [14]. Durante a electropolimerização do monómero 1,8DAN, apenas um dos dois grupos NH2 está envolvido, enquanto o outro está envolvido na formação de complexos.

A melhor resposta, em termos de intensidade de pico, foi obtida com o polímero sintetizado em ácido nítrico.

Testámos também a sensibilidade do polímero sintetizado potenciostaticamente aos iões Pb^{2+}. Esta polimerização foi efectuada aplicando um potencial fixo de +0,86V ao 1,8 DAN-CPE em ácido nítrico durante um período de 5min. O resultado da análise mostra um pico anódico obtido a -0,56V após 5min de pré-concentração de 10^{-32+} M de Pb num circuito aberto a pH=7. Este pico é mais fraco do que o registado quando a película é preparada por voltametria cíclica.

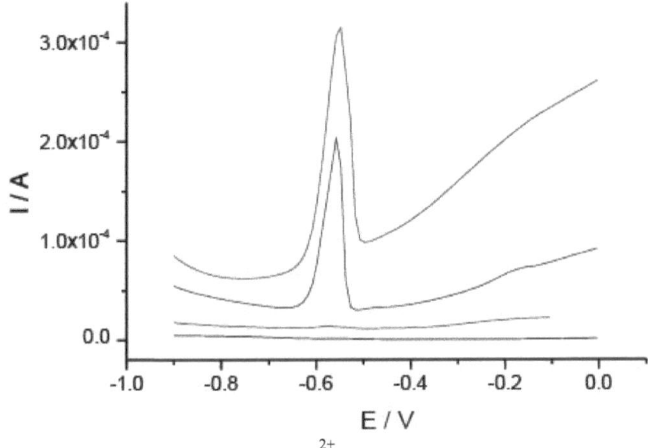

FIGURA 9: A resposta obtida por voltametria de impulso diferencial em HCl 0,1M, nos diferentes eléctrodos testados, após acumulação em circuito aberto de 10-3M Pb durante 5 min a pH=7. Em EPC nu (preto), EPC modificado por monómero (azul), EPC modificado com poli 1,8-DAN polimerizado em HCl 0,1M (violeta) e polimerizado em HNO3 0,1M (vermelho).

III-3-3 Influência da percentagem de monómero na pasta

Estudámos a influência da quantidade de monómero 1,8-DAN incorporado na pasta de carbono sobre a sensibilidade do elétrodo modificado aos iões Pb^{2+}. Este estudo foi realizado numa gama de percentagens de monómero de 0 a 3%. A sensibilidade dos eléctrodos^{-3} modificados foi avaliada numa solução de chumbo 10 M após 5 minutos de pré-concentração a pH=7. A figura 10 mostra o efeito da quantidade de 1,8-DAN no elétrodo sobre a corrente de oxidação do chumbo acumulado no elétrodo modificado por electropolimerização do monómero numa solução 0,1M de HNO3. Os resultados do estudo mostram que a melhor resposta foi obtida com o elétrodo modificado com 1% de monómero. De facto, uma corrente elevada de 300µA é registada num elétrodo modificado com 1% de 1,8 DAN, enquanto a corrente é da ordem de 25µA para 3% de monómero.

III-3-4 Influência do pH do meio

A etapa de pré-concentração em circuito aberto é rëalisëe de uma solução 10-3M de Pb^{2+} e

0,1M KNO3. Os vários valores de pH desta solução foram ajustados com uma solução concentrada de HCl e NaOH. As experiências são realizadas numa gama de pH que varia de pH=3 a 13. A figura 11 mostra que as correntes de pico de oxidação do chumbo acumulado aumentam com o pH da solução na gama de pH=2 a 12 e começam a diminuir a partir daí. A melhor resposta foi obtida após a pré-concentração numa solução de pH=12. Resultados semelhantes foram relatados anteriormente num estudo de determinação de chumbo utilizando agentes quelantes como a ditizona [26,27]. [-2]Assim, KNO3 0,1M+ KOH 10 M foi escolhido como o meio ótimo para a acumulação. Foram obtidos resultados semelhantes utilizando tampão borato e tampão fosfato à mesma concentração.

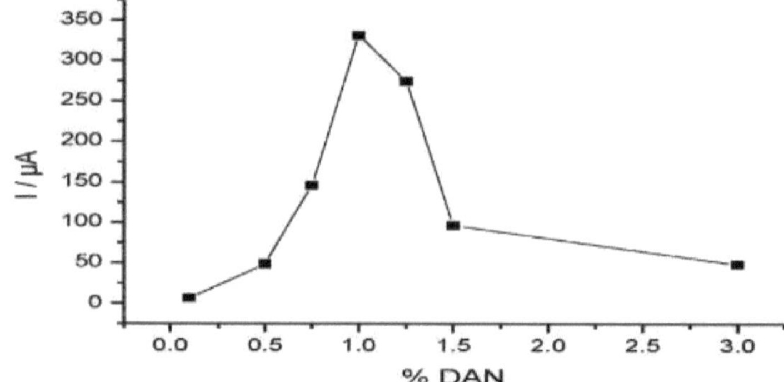

FIGURA 10: O efeito da percentagem do monómero 1,8-DAN incorporado na pasta de carbono na intensidade do pico de Pb

[2+]na intensidade do pico de Pb 10-3M após 5 min de pré-concentração a pH=7.

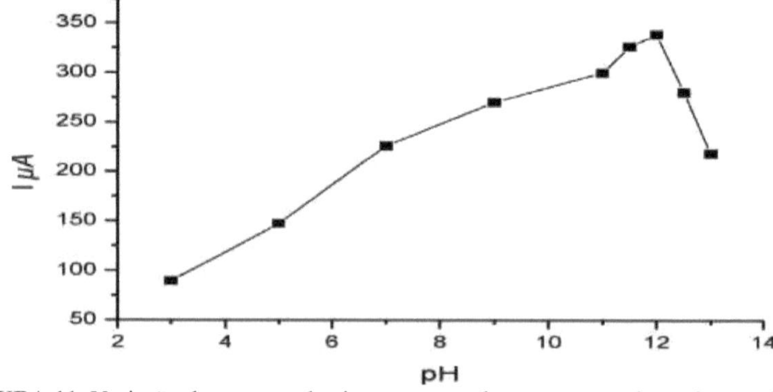

[2+]**FIGURA 11**: Variação da corrente de pico correspondente a 10-3M de Pb em função do pH da solução de pré-concentração. Tempo de pré-concentração 5min e redissolução em HCl 0,1M.

Este resultado está relacionado com a protonação e dëprotonação dos grupos azotados. Isto sugere que os grupos amina, que não participam na reação de polimerização, são capazes de acumular chumbo através de uma reação de complexação. Este comportamento é semelhante ao proposto por Lee et al [14].

III-3-5 Influência do tempo de acumulação

[2+-5-6-1]Para avaliar o efeito do tempo de acumulação na sensibilidade do elétrodo aos iões Pb , estudámos este parâmetro em duas soluções de chumbo a uma concentração de 10 e 10 moll .

[-6]De acordo com a figura 12 e para a concentração de 10 M, a corrente aumenta com o tempo

de acumulação. [-5]Para a concentração de 10 M, a curva de corrente do pico de oxidação do chumbo aumenta linearmente em função do tempo de pré-concentração até atingir um período de 10 minutos, altura em que a superfície está quase saturada. Para não prolongar o tempo de análise, considerámos que dez minutos era um período adequado para a análise.

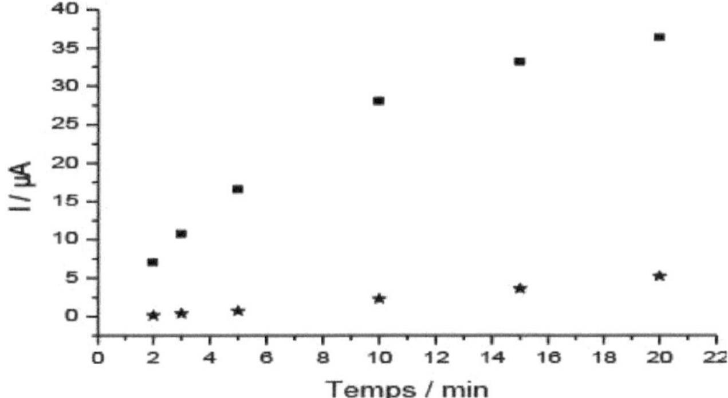

FIGURA 12: Dëdependência das correntes de pico de Pb(II) acumuladas no elétrodo modificado com poli 1,8-DAN obtidas em voltametria diferencial de impulso em função do tempo de pré-concentração. [-5]

■ 10 M, ★ 10-6M

III-3-6 Curva de calibração

[2+]Foram preparadas soluções padrão contendo iões Pb em KNO3 0,1M a pH=12. A análise foi efectuada por voltametria de impulso diferencial. Após um tempo de pré-concentração de 10min, a etapa de redissolução foi efectuada em HCl 0,1M. [2+]Nestas condições, estabelecemos a curva de calibração variando as concentrações de Pb . Esta curva é apresentada na Figura 13. As correntes de pico de oxidação aumentam linearmente com baixas concentrações de chumbo, de 0,2 a 10 |imol l-l com r2 = 0,998. [-1]O limite de deteção (DL, 3s) é de 0,15 |imol l .

[-12+]A precisão, expressa em desvio-padrão relativo, foi de 6,4% após seis repetições da medição de 1 ^mol l de Pb com o mesmo elétrodo e de 7,8% com três eléctrodos diferentes.

III-3-7 O efeito de outros metais pesados

[2+]Os elementos que podem competir por sítios de complexação na película de poli1,8-DAN foram testados utilizando o mesmo procedimento optimizado para a determinação de iões Pb .

[2+2+2+]A fim de estudar o efeito da presença de iões Zn na determinação do chumbo, aplicámos o mesmo procedimento para a determinação de ILiM de Pb na presença de iões Zn a uma concentração de 1μM. [2+2+-5]O pico de redissolução de Pb em E= -0,56V permaneceu constante, mas nenhum pico mensurável de iões Zn apareceu até uma concentração elevada de 5,10 M (50 vezes a concentração de chumbo).

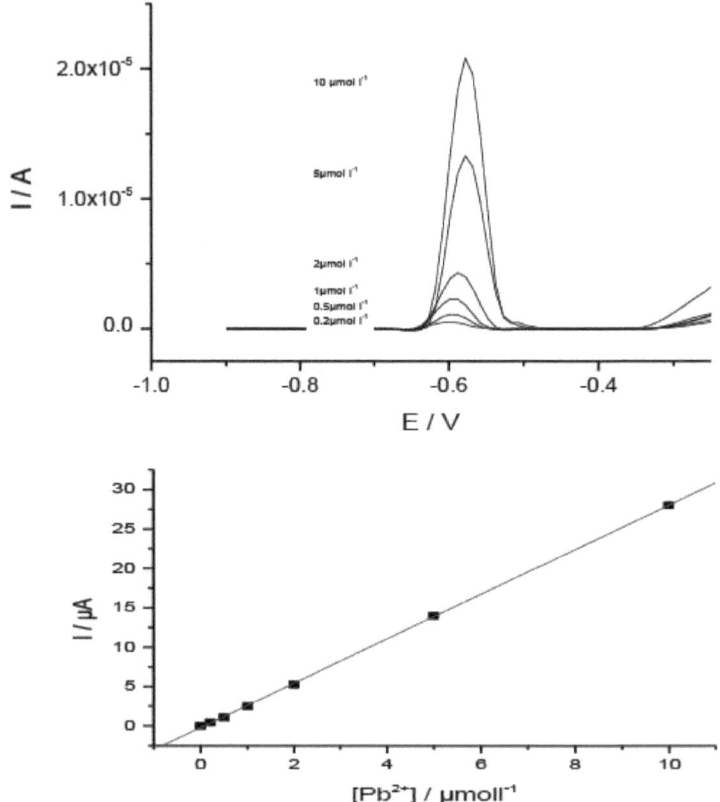

FIGURA 13: Curva de calibração do ião Pb^{2+} após 10 min de pré-concentração a pH 12 e redissolução em HCl 0,1M.

O estudo do efeito dos iões Cu^{2+} mostra que este último é dëtectabIe a uma concentração superior a 10-6M. A presença de iões Cu^{2+} origina um pico anódico bem definido a E= -0,46 V, sem afetar a resposta do chumbo. A Figura 14 mostra a resposta de uma concentração de 5,10-5M de cobre, resultando num pico de altura semelhante ao do Pb .

Por outro lado, a presença de iões de cádmio, na mesma concentração que o Pb^{2+} (10^{-6}M), não produziu nenhum pico mensurável, mas afectou radicalmente a resposta dos iões Pb^{2+}. Isto resulta numa diminuição de 52% do pico anódico do Pb^{2+}. O efeito do Cd pode ser ë^тë mascarando estes iões com oxalato de sódio. Assim, para a determinação de 1,10^{-6}' moll⁻¹ de Pb^{2+}, a interferência da mesma concentração de Cd é ëvitëe pela adição de 10 moll de oxalato de sódio sem afetar a resposta do chumbo.

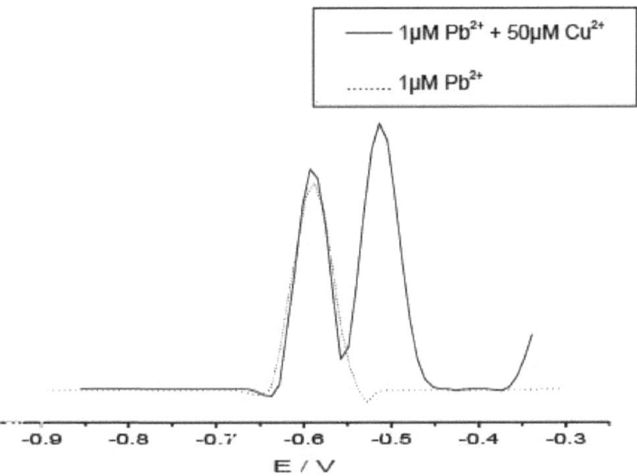

⁻¹⁻¹**FIGURA 14**: Efeito da presença de cobre a uma concentração de 50^mol l na resposta de 1^mol l ao chumbo após 10 min de pré-concentração a pH 12.

III-4 Aplicação analítica

O desempenho deste método foi posteriormente validado através da análise de água da torneira e água do mar reais. Ajustámos estas amostras para pH= 12 e adicionámos oxalato de sódio 1mM para eliminar qualquer interferência. A água do mar foi ëlë filtrada através de uma membrana, cujo diamëtre é de 0,45цт, quando um resíduo foi ëlë observado.

$^{2+}$O mëtodo de adição de dosës é utilizado para a determinação de Pb . $^{2+}$Para cada amostra ë preparada cinco soluçõcs, 1 ʟɪ M de Pb é adicionado ë amostra de água da torneira e 1,5цM ë amostra de água do mar. $^{2+2+}$Os quadros 2 e 3 resumem as exactidões e as taxas de recuperação resultantes da análise das cinco amostras de água da torneira com ɪʟɪM de Pb e das outras cinco amostras de água do mar com 1,5цM de Pb .

IV- CONCLUSÃO

Neste capítulo, propusemos a utilização de um elétrodo condutor de pasta de carbono polimorficamente modificado para a determinação sensível e selectiva de chumbo. Provámos, e isto pela primeira vez, que a ëlectropolimerização do 1,8DAN no interior da pasta de carbono num meio ácido dá origem a um polimorfo condutor, ao passo que este não é condutor noutros eléctrodos. Tal comportamento só foi observado por ëlectropolymërising o monomëre na fase orgânica e particularmente em acëtonitrile.

Também provou ser um método novo, rápido e reprodutível de modificar a superfície do eletrodo. $^{2+}$Esta modificação torna o elétrodo, sob as condições optimisëes, sëlectivo e sensível para a dëterminação de iões Pb .

Assim, a aplicação analítica da otimização em amostras reais confirma o desempenho da análise.

Quadro 2: Resultados da análise de cinco amostras de água da torneira

	Concentração adicionada iimol/l	Concentração encontrada iimol/l	Taxa de recuperação
1	1	0,92±0.07	92±7

2	1	0,88±0.05	88±5
3	1	1,02±0.06	102±6
4	1	0,93±0.08	93±8
5	1	1,07±0.1	107±10

96,4 (média)

7,4 (Dë desvio-padrão)

7,7 (Coeficiente de variação)

Quadro 3: Resultados da análise de cinco amostras de água do mar

	Concentração adicionada iimol/l	Concentração encontrada iimol/l	Taxa de recuperação
1	1,5	1,61±0.11	107,3±7
2	1,5	1,53±0.12	102±8
3	1,5	1,42±0.09	95±6
4	1,5	1,37±0.1	91±7
5	1,5	1,32±0.08	88±6

96,6(Médio)

6,9 (Dë desvio-padrão)

7.1(Coeficiente de variação)

REFERÊNCIAS:

[1] H. Mark, H. Zhang, A. Galal, J.F. Rubinson, I.H. Ridgway, S.K. Lunsford e H. Zimmer. Electrochimica Ata, 23(1998)3511.

[2] A. Witkowski, A. Brajter-Toth, Anal.Chem.64 (1992) 635.

[3] C.M.A. Brett, D.A. Fungaro, J.M. Morgado, M.H. Gil, J. Electroanal. Chem. 468 (1999) 26.

[4] C. Thiemann, C.M.A. Brett, Synthetic metals 123 (2001) 1.

[5] P. Chandrasekhar, R.W. Gumbs, J. Electrochem.Soc, 138 (1991)1337.

[6] M.A. Goyette, M. Leclerc, J. Electroanal Chem, 382 (1995) 17.

[7] S.B. Khoo, R. Ye, Analytica Chimica Ata 453 (2002) 209.

[8] A. Chaubey, K.K. Pande, V.S. Singh, B.D. Malhotra, Anal. Chim. Ata 407 (2000) 97.

[9] J. Yano, K. Ogura, A. Kitani, K. Sasaki, Synth. Met. 52 (1992) 21.

[10]O.A. Sadik, Electroanalysis,11 (1999) 839.

[11]A. Malinauskas, Synthetic Metals 107 (1999) 75.

[12]M. Gerard, A. Chaubey, B.D. Malhotra, Biosensors & bioelectronics 17 (2002) 345.

[13]N. Oyama, M. Sato, T. Ohsaka, Synthetic Metals, 29 (1989) E501.

[14]J. W. Lee, D.S. Park, Y.B. Shim, S.M. Park, J. Electrochem. Soc. 139 (1992) 3507.

[15]K Jackowska, M. Skompska, E. Przyluska, J. Electroanal. Chem 418 (1996) 35.

[16]B.J. Palys, M. Skompska, K. Jackowska, J. Electroanal. Chem. 433 (1997) 41.

[17]B.J. Palys, A. Bukowska, K. Jackowska, J. Electroanal. Chem. 428 (1997) 19.

[18]Kudelski, J. Bukowska, K. Jackowska, J. Molecular Structure, 482-483 (1999) 291.

[19]S.B.Khoo, S.X.Guo, J.Electroanal.Chem, 465 (1999) 102.

[20]C.A. McDermott, K. Keten e Richard L. McCreery, J. Electrochem. Soc. 140 (1993) 2593.

[21]K. Kneten e R.L. McCreery, Anal. Chem, 61(1992) 2518.

[22]N. Motta e A.R. Guadalupe; Anal. Chem. 66 (1994) 566.

[23]L. Murphy, J. Anal. Chem. 70 (1998) 2928.

[24]K. Jackowska, J. Bukowska, M. Jamkowski, J. Electroanal. Chem 388 (1995) 101.

[25]T. Ohsaka, Y. Ohnuki, N. Oyama, G. Katagiri, K. Kamisako, J. Electroanal.Chem, 161 (1984) 399.

[26]T. Molina-Holgado, J.M. Pinilla-Macias, L. Hernandez-Hernandez, Anal. Chim. Ata 309(1995)117.

[27]K.C. Honeychurch, J.P. Hart, D. C. Cowell, Electroanalysis, 12(2000)171.

Capítulo V
MODIFICAÇÃO DE ELÉCTRODOS DE CARBONO
SERIGRAFADO COM UMA PELÍCULA DE POLÍMERO DE MERCÚRIO PARA
ANÁLISE DE METAIS PESADOS

I- INTRODUÇÃO

A tecnologia de eléctrodos impressos em serigrafia (SPE) é particularmente atractiva para a produção em massa de sensores de utilização única. Estes eléctrodos, caracterizados por uma elevada reprodutibilidade, têm sido amplamente utilizados em aplicações ambientais, biomédicas e industriais [1-7].

A técnica da serigrafia

A produção em grande escala de sensores electroquímicos de baixo custo e de utilização única à base de carbono tem sido, portanto, uma prioridade nos últimos anos. A maioria dos eléctrodos de utilização única é atualmente produzida utilizando técnicas de deposição de película fina: pulverização catódica [8], rotogravura,[9] litografia [10] e serigrafia. Estas técnicas envolvem a deposição de uma ou mais camadas alternadas de materiais condutores ou isolantes num substrato.

Derivada da microeletrónica, a impressão serigráfica de sensores electroquímicos desenvolveu-se rapidamente desde o início dos anos 90 [11]. Estes eléctrodos são obtidos através da deposição de uma fina camada de tinta condutora num substrato isolante, passando a tinta por um estêncil. A sua simplicidade, a elevada capacidade de produção e a possibilidade de produzir sensores de qualquer dimensão ou forma fazem da técnica de impressão serigráfica uma das tecnologias mais promissoras [12].

A serigrafia é uma técnica que envolve apenas uma etapa: passar tinta através de um estêncil para imprimir um substrato colocado diretamente por baixo. Consoante o tamanho do stencil, é aplicada uma maior ou menor quantidade de tinta na película de resina.

Utilizando um rodo, a tinta é forçada a penetrar nos espaços entre os fios de resina livres. O estêncil é então baixado sobre o substrato a ser impresso. Uma segunda passagem com o rodo permite imprimir o substrato escolhido. O stencil é endireitado e pode iniciar-se um novo ciclo. O suporte impresso é seco à temperatura ambiente ou numa estufa para permitir a secagem da tinta. No final da operação, o stencil é lavado com um solvente de tinta para que possa ser utilizado novamente mais tarde.

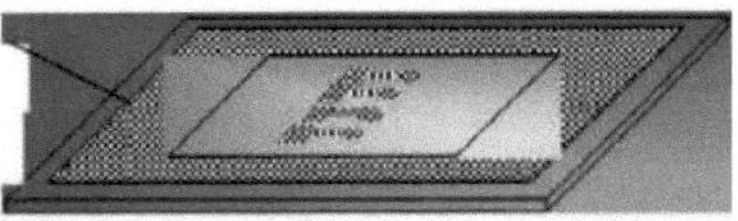

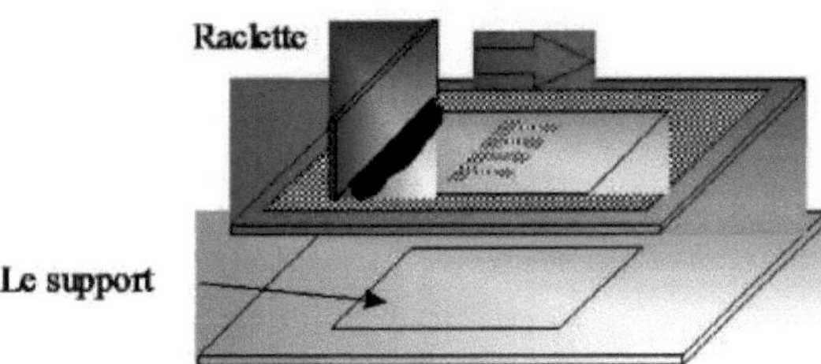

Figura 1: Princípio da impressão serigráfica: a tinta é forçada através do estêncil pelo rodo , imprimindo o substrato.

Fabrico de eléctrodos serigrafados

As tintas foram aplicadas ao substrato de poliéster sob a forma de películas de padrão e espessura controlados. Depois de cada película, o substrato foi seco na estufa a 120°C. Primeiro, são impressas as pistas de prata. Em seguida, a grafite é colocada em parte da pista de prata para obter o elétrodo de trabalho. Finalmente, a camada isolante, com aberturas que permitem o contacto elétrico com o circuito de um lado e a solução do outro, é removida.

O sistema é constituído por um elétrodo de grafite (3 mm de diâmetro), um elétrodo de referência e um contra-elétrodo de prata. A célula é impressa num suporte de poliéster isolante (450 mícrones de espessura). A célula é depois cortada à medida, medindo cada uma 0,8 cm x 4,5 cm.

Note-se que o elétrodo de referência de prata é mais estável quando estão presentes cloretos na solução. Por conseguinte, sugere-se a utilização de, pelo menos, 10 mM de cloreto, que deve ser mantido constante durante toda a análise. Os contactos eléctricos de prata podem ser cobertos com uma camada de grafite para evitar a oxidação. É utilizado um conetor normalizado com estas células.

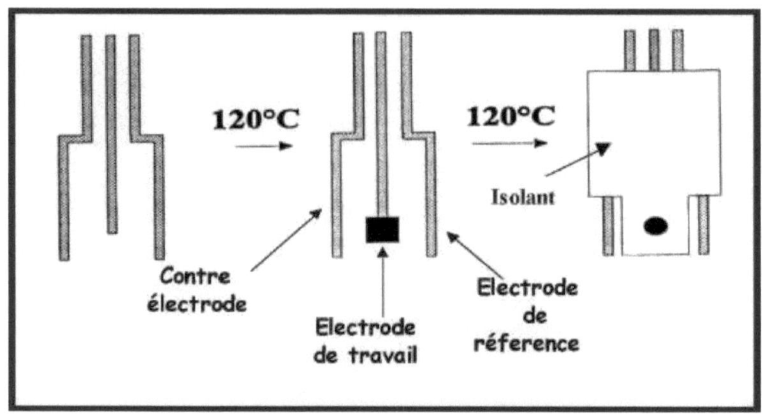

Figura 2: Etapas do fabrico de um elétrodo serigrafado a partir de carbono

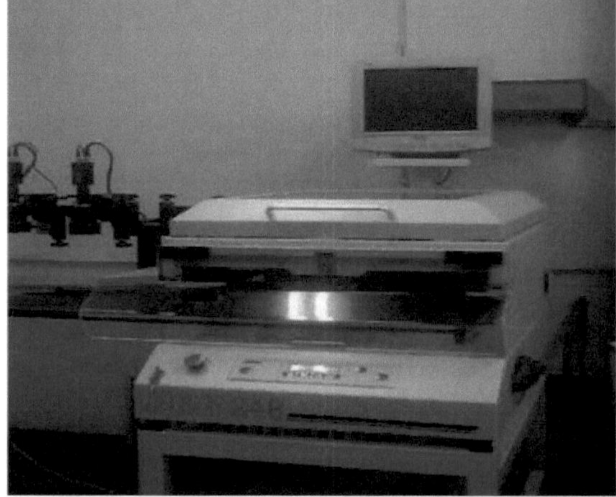

Figura 3: A máquina utilizada para fabricar eléctrodos impressos por serigrafia   (**DEK 248**)

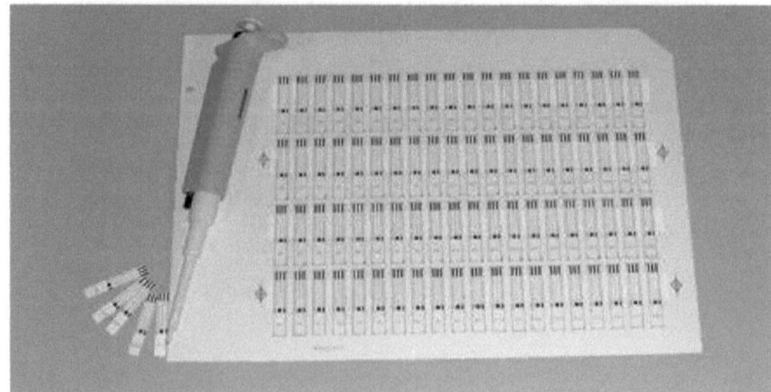

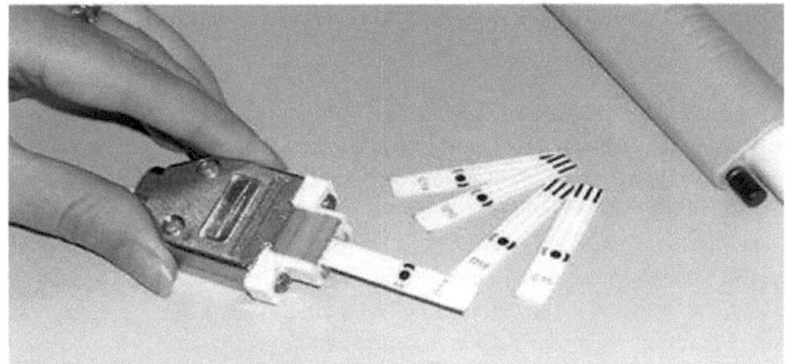

Figura 4: Os eléctrodos impressos em serigrafia produzidos no laboratório da Universidade de Florença e o conetor utilizado.

Modificação de eléctrodos impressos em película de mercúrio para análise de metais pesados

Os eléctrodos de carbono serigrafados foram também utilizados como substrato para a película fina de mercúrio, o que os torna muito fáceis de utilizar. O chumbo, o cádmio, o cobre e outros metais pesados que formam uma amálgama com o mercúrio foram assim detectados a níveis vestigiais, numa questão de minutos, graças à combinação destes sensores com técnicas electroquímicas altamente sensíveis, como a voltametria de redissolução anódica de onda quadrada (SWASV) e a potenciometria de redissolução (PSA) [13-22].

A deteção eletroquímica nestas análises baseia-se na voltametria por redissolução anódica, na sequência da deposição prévia de uma película de mercúrio na superfície de eléctrodos de carbono impressos por serigrafia, utilizando uma solução contendo um sal de mercúrio. Os eléctrodos de mercúrio em geral são frequentemente os eléctrodos mais utilizados para qualquer análise electroanalítica. Permitem a obtenção fácil de uma superfície limpa e reprodutível e permitem também um grande acesso a uma vasta gama de potencial negativo, que é a região onde ocorre a eletroquímica da maioria dos metais. Os eléctrodos de película de mercúrio (MFE) são preparados por deposição eletroquímica de iões de mercúrio (II) de uma solução na superfície do elétrodo de carbono.

$$\longrightarrow \text{Hg (II)} + 2 \text{ e} \quad \text{Hg}_{electrodo}$$

Os MFE são frequentemente combinados com a técnica de voltametria de redissolução anódica (ASV). Os iões do metal a analisar, presentes em forma de vestígios na solução, são acumulados na película de mercúrio por redução eletroquímica do átomo de metal. Os átomos de metal dissolvem-se então no mercúrio para formar uma amálgama.

$$\longrightarrow \text{M (II)} + 2 \text{ e} + \text{MFE} \quad \text{M(Hg)}_{MFE}$$

A oxidação do metal a analisar é obtida através da aplicação de uma varredura de potencial para valores menos negativos e, assim, o metal amalgamado redissolve-se quando o potencial corresponde à sua reoxidação. A intensidade da corrente resultante depende da concentração do átomo metálico no MFE, que por sua vez depende da concentração do ião metálico na amostra. O potencial a que cada ião metálico é oxidado permite identificar o metal. A análise quantitativa e qualitativa é, portanto, fácil.

A oxidação conduz a uma redissolução, ou melhor, a um retorno dos iões metálicos da amálgama na película de mercúrio para a solução.

$$\longrightarrow \text{M (Hg)} \quad \text{M (II)}_{soiução} + 2 \text{ e} + \text{MFE}$$

No entanto, a utilização de uma solução tóxica de mercúrio, necessária para a formação da película na superfície do elétrodo no campo, apresenta um grande problema ambiental. Neste sentido, e com o objetivo de desenvolver novos sensores electroquímicos para a análise simultânea de vários elementos vestigiais amalgamáveis, preparados em laboratório e prontos a serem utilizados no campo, utilizámos eléctrodos de carbono serigrafado modificados com um sal de acetato de mercúrio e protegidos por um polímero.

Atualmente, estão disponíveis comercialmente vários polímeros com propriedades interessantes, que são amplamente utilizados no desenvolvimento de sensores electroquímicos e biossensores. São quimicamente inertes, não electroactivos, hidrofílicos e alguns são mesmo insolúveis em água, o que os torna muito úteis para proteger a superfície do elétrodo [23-26].

Para fazer face aos problemas ambientais associados à contaminação por mercúrio na natureza, foi analisado o desempenho de vários polímeros utilizados para proteger eléctrodos para análise de metais pesados. Foi realizado um estudo comparativo entre Nafion®, Eastman Kodak AQ29® (polímeros de perfluorossulfonato) e Methocel® (um derivado de celulose).

Tais modificações já foram registadas na literatura. Para modificar a superfície do elétrodo, Brainina et al propuseram um composto de mercúrio solúvel ($Hg(Ac)_2$) protegido com uma camada de Nafion®, bem como a utilização de complexos orgânicos insolúveis de mercúrio, para a determinação de Cd, Pb e Cu [27,28]. Faller et al utilizaram estes mesmos eléctrodos para a análise do estanho (IV) [29]. Foi obtida uma correlação satisfatória entre a concentração de iões metálicos adicionada e a concentração encontrada durante um longo período de tempo, o que torna estes eléctrodos promissores para a análise de metais pesados. Além disso, foi demonstrado que estes eléctrodos modificados são muito menos poluentes do que os eléctrodos de grafite normais, convencionalmente modificados com uma fina película de mercúrio [2729]. Dalagin [30] e Macca [31] também relataram a utilização de uma membrana de Nafion - Acetato de Mercúrio num elétrodo de carbono vítreo.

Neste trabalho, foram utilizados eléctrodos de carbono serigrafado modificados por um sal de acetato de mercúrio aprisionado em membranas. As técnicas utilizadas para a determinação dos metais vestigiais foram a voltametria de redissolução anódica de onda quadrada e a potenciometria de redissolução (PSA). Estas duas técnicas têm a vantagem de serem muito pouco afectadas pelo oxigénio, pelo que não é necessária qualquer etapa de arejamento, em conformidade com as exigências das análises destinadas a aplicações no terreno.

No caso da SWASV, a forma de onda quadrada facilita a análise da redissolução na presença de oxigénio dissolvido [32]. Isto deve-se ao esgotamento do oxigénio na superfície antes da varredura rápida. A redução do oxigénio ocorre durante a redução do metal na superfície do elétrodo, através da aplicação de um potencial suficientemente negativo durante a deposição. Se a varredura for concluída antes de uma quantidade significativa de oxigénio se difundir para a superfície do elétrodo, os voltamogramas resultantes devem ser semelhantes aos obtidos a partir de uma solução aerada [33]. Por conseguinte, o tempo de análise pode ser reduzido evitando qualquer desaeração do meio.

A PSA tem as mesmas vantagens que a técnica acima referida, a desaeração da amostra é geralmente desnecessária, uma vez que o oxigénio dissolvido pode ser utilizado como oxidante. A oxidação (realizada neste trabalho a uma corrente constante de I a A) redissolve os metais amalgamados no elétrodo; e os metais difundem-se na sua forma iónica para a solução. A medição do potencial do elétrodo em função do tempo fornece informações quantitativas e qualitativas sobre os metais presentes na solução[34].

II- PARTE EXPERIMENTAL

II-1 Equipamento

A voltametria de redissolução anódica de onda quadrada (SWASV) e a potenciometria de redissolução (PSA) foram efectuadas utilizando o sistema Autolab PSTAT 10 (Ecochimie, Países Baixos).

Os eléctrodos de carbono serigrafados, com um elétrodo de referência de prata, um contra elétrodo de grafite e um elétrodo de trabalho de grafite, são preparados com uma serigrafia DEK modelo 245 (Weymouth, Inglaterra), utilizando várias tintas da Acheson Italiana (Milão, Itália). Estes eléctrodos são obtidos depositando camadas alternadas de tinta de grafite (Elettrodag 423), tinta de prata (Elettrodag 477 ss rfu) e uma tinta isolante (Elettrodag 6018 ss) num suporte isolante de poliéster [35].

Reagentes II-2

A solução de Nafion® 5% p/v numa solução de álcool/água pouco alifática foi fornecida pela Aldrich; o Eastman-Kodak AQ29D foi fornecido pela Eastman-Kodak (EUA); o Methocel® 90HG foi adquirido à Fluka. O acetato de mercúrio, o cloreto de mercúrio, o etanol a 96% e os ácidos Suprapur clorídrico, nítrico, acético e perclórico são todos da Merck. A água utilizada para preparar as soluções foi água desmineralizada purificada através de um sistema de filtração Milli-Q (Millipore, Itália). As soluções de metais pesados (Cd^{2+} e Pb^{2+}) foram preparadas diluindo soluções padrão de qualidade para espetroscopia de absorção atómica (Fluka).

II-3 Modificação do elétrodo

a- Revestimento do elétrodo de carbono serigrafado com Hg(II) e Methocel® HG90 :

O elétrodo de carbono foi modificado utilizando uma solução contendo 100 mg de acetato de mercúrio e 100 ml de ácido acético em 10 ml de H_2O (solução A). A 1,5 ml desta solução, foram adicionados 3,5 ml de H_2O e 125 mg de Methocel® HG90. Utilizando uma propette, aplicam-se 5 l da solução à superfície do elétrodo de trabalho. A película é seca ao ar à temperatura ambiente.

b- Revestimento do elétrodo de carbono serigrafado com Hg(II) e Nafion® :

A 1,5 ml da solução A são adicionados 3,5 ml de Nafion preparado em 10 ml de etanol a 96%. Deposita-se 5μl desta solução na superfície do elétrodo de trabalho. A película é seca ao ar à temperatura ambiente.

c- Revestimento do elétrodo de carbono serigrafado com Hg(II) e Kodak®AQ29D :

A 1,5 ml da solução A são adicionados 3,5 ml de Kodak®AQ29D preparado em 10 ml de etanol a 96%. Deposita-se 5μl desta solução na superfície do elétrodo de trabalho. A película é seca ao ar à temperatura ambiente.

d- Cobertura do elétrodo serigrafado de carbono com uma película fina de mercúrio

A película fina de mercúrio foi formada na superfície do elétrodo de trabalho a partir de uma solução de 100ppm de cloreto de mercúrio em ácido clorídrico, com agitação, aplicando um potencial de -1,1V durante 2 min. Foi então aplicado um potencial de -0,2 V durante 2 minutos para limpar a superfície do elétrodo.

II-4 Procedimento analítico

A voltametria de redissolução anódica de onda quadrada (SWASV) e a potenciometria de redissolução (PSA) foram realizadas utilizando os mesmos parâmetros optimizados por Palchetti et al [10].

Para o SWASV, o passo de condicionamento é efectuado a -0,3V durante 60s, seguido de deposição de metal a -1,1V durante 120s e um tempo de equilíbrio de 30s. A onda quadrada tem uma amplitude de 28mV, um tamanho de passo de 3mV e uma frequência de 15Hz.

Para o PSA , o condicionamento é a -0,3V durante 60s, a deposição é efectuada a - 1,1V durante 120s, um tempo de equilíbrio de 30s e uma corrente de redissolução de +1μA.

Cada elétrodo modificado é condicionado antes de ser utilizado, aplicando um potencial de -1,1 V durante 300 s à superfície do elétrodo numa solução de ácido clorídrico 0,1 M e efectuando em seguida 10 varrimentos voltamétricos até se obter um fundo baixo. A figura 5 mostra o fundo antes e depois do condicionamento.

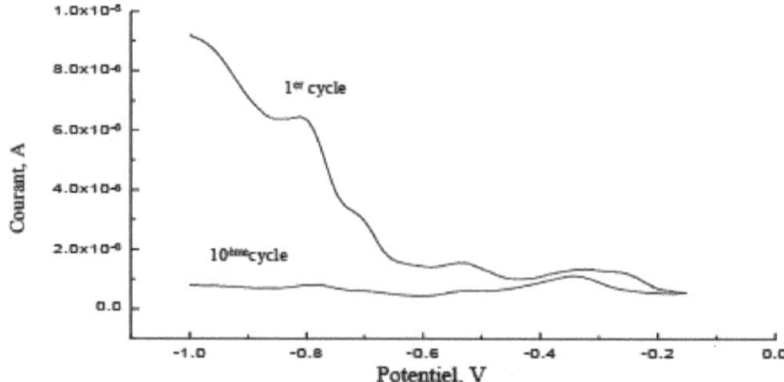

Figura.5: Condicionamento do elétrodo modificado após 10 ciclos numa solução de solução de ácido clorídrico 0,1M

III- RESULTADOS E DISCUSSÃO

Os vários polímeros que têm sido estudados para o desenvolvimento de sensores de mercúrio para a análise de metais pesados no terreno são: Nafion®, EastmanKodak® AQ29D, Methocel®. Cada modificação do elétrodo foi efectuada utilizando a mesma quantidade de acetato de mercúrio na solução polimérica. A relação entre mercúrio e polímero na solução utilizada em todas as experiências, independentemente do polímero, foi escolhida de acordo com os dados indicados na literatura [30], onde foi indicado um valor optimizado de 30% de mercúrio / 70% de solução de polímero (v/v).

III-1 Caracterização dos diferentes eléctrodos modificados

Para cada elétrodo modificado, foram estudados diferentes parâmetros: sensibilidade, resolução de pico e reprodutibilidade em HCl (o eletrólito de suporte mais utilizado para a análise eletroquímica de metais pesados). Estas experiências foram realizadas com a técnica PSA com uma corrente de redissolução de +1 µA. Foi efectuado um estudo preliminar com diferentes soluções padrão de chumbo em diferentes concentrações de HCl.

III-1-1 Nafion - mercúrio

Os eléctrodos modificados pela membrana de Nafion-mercúrio foram estudados numa solução padrão de Pb a uma concentração de 150ppb em meio de HCl 0,12M. A figura 6 mostra o potenciograma obtido, com um claro pico de chumbo a -0,5V.

O comportamento deste elétrodo em meio ácido foi estudado em diferentes concentrações de HCl. As variações da área de pico em função da concentração de chumbo, em soluções de HCl de 0,12 a 1,2M, são apresentadas na Figura 7. Verifica-se que, à medida que a concentração de ácido aumenta, a sensibilidade do elétrodo modificado com membrana de Nafion-mercúrio diminui acentuadamente.

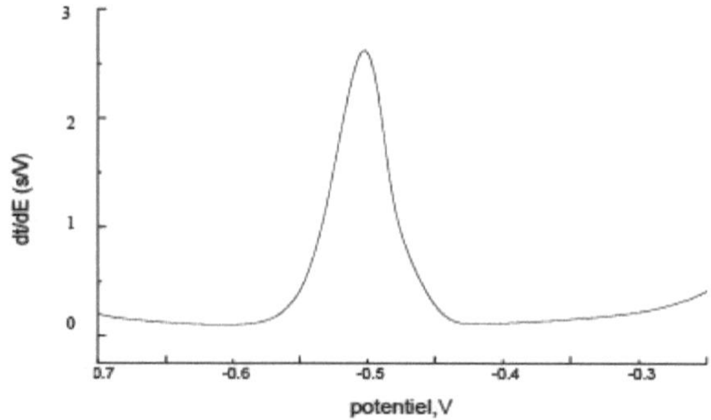

Figura.6: Potenciograma correspondente a 150ppb de Pb(II) de um elétrodo de membrana de Nafion-

70

mercúrio em meio de HCl 0,12M. Condicionamento: 60s a -0,3 V, deposição: 120s a -1,1V
redissolução a +1µA.

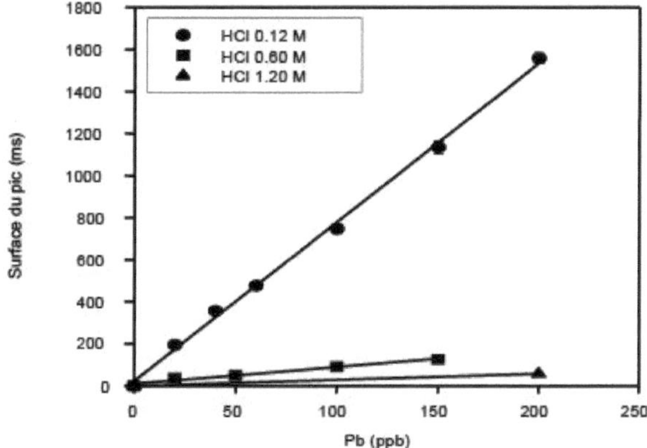

Figura.7: Curvas de calibração do chumbo no elétrodo modificado pela membrana
Nafion®-mercúrio em diferentes concentrações de HCl: 0,1 M, 0,6 M, 1 M

III-1-2 Eastman Kodak - Mercúrio

Foi efectuado um estudo do comportamento do elétrodo modificado pela membrana Eastman Kodak-Mercury, em soluções de Pb com concentrações até 200ppb e a uma concentração de HCl 0,1M. Obteve-se uma sensibilidade muito baixa e uma fraca resolução de picos, mesmo a baixas concentrações de ácido.

Os potenciogramas de chumbo (II) em diferentes concentrações de 0 a 200ppb, em HCl 0,1M, são mostrados na Figura 8.

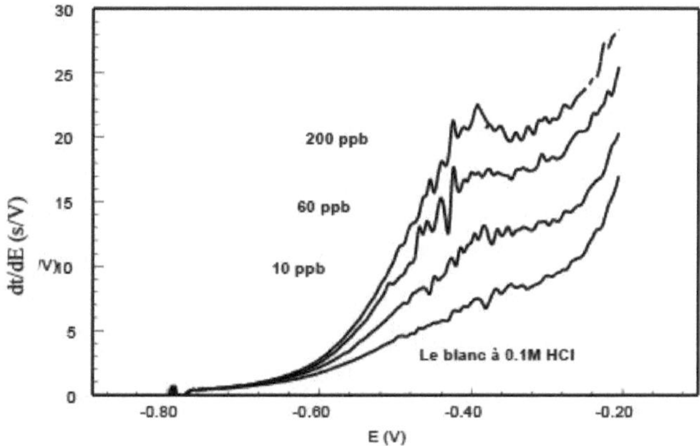

Figura 8: Potenciogramas do elétrodo Eastman-Kodak® AQ 29D-mercúrio em meio de
elétrodo de mercúrio em meio de HCl 0,1 M com diferentes concentrações de chumbo.

A baixa sensibilidade dos eléctrodos modificados com Nafion e Eastman-Kodak em meios ácidos pode ser explicada por alterações na morfologia e nos parâmetros geométricos da microestrutura do polímero com o aumento da força iónica. Este fenómeno já foi observado e relatado na literatura para os polímeros perfluorossulfonatos [20,21]. Estas alterações podem influenciar fortemente o comportamento dos polímeros testados numa solução concentrada de HCl para análise de redissolução.

O comportamento destes polímeros também pode ser explicado pela forma do complexo de chumbo em solução, dependendo da concentração de HCl e da carga do polímero. O Nafion e o Eastman Kodak são polímeros à base de perfluorosulfonato, pelo que são permutadores de catiões com carga negativa. E geralmente em soluções

Concentrado com HCl, o chumbo apresenta-se sob a forma de um complexo carregado negativamente. A repulsão eletrostática pode ser a razão para este comportamento.

III-1-3 Methocel - mercúrio

Foi depois testada a sensibilidade ao chumbo dos eléctrodos modificados com uma membrana de metacel-mercúrio. Este elétrodo parece ser mais interessante do que os dois anteriores. Os potenciogramas de Pb(II) obtidos na gama de 0 a 120ppb, em HCl 0,1M, são apresentados na figura 9a. Observamos assim picos bem resolvidos e uma sensibilidade elevada.

Para verificar a sensibilidade do elétrodo modificado por uma membrana de metacel-mercúrio num ambiente muito ácido, comparámos a resposta de diferentes concentrações de chumbo em HCl 0,1, 0,6 e 1 M.

As curvas de calibração do chumbo (II) em três soluções de HCl de diferentes concentrações são apresentadas na figura 9b. Independentemente da concentração da solução ácida utilizada, os resultados não apresentam diferenças significativas. A membrana de metacel-mercúrio pode, por conseguinte, ser utilizada em soluções concentradas de HCl sem qualquer redução da sensibilidade.

Assim, uma vez que a membrana de Methocel-mercúrio pode ser utilizada numa vasta gama de concentrações de cloreto, e uma vez que a utilização deste polímero ainda não está descrita na literatura na análise de redissolução, decidimos caraterizar estes eléctrodos modificados e testar o seu desempenho, em soluções padrão e em amostras reais. Foi também considerada uma comparação com eléctrodos convencionais de película fina de mercúrio.

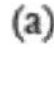
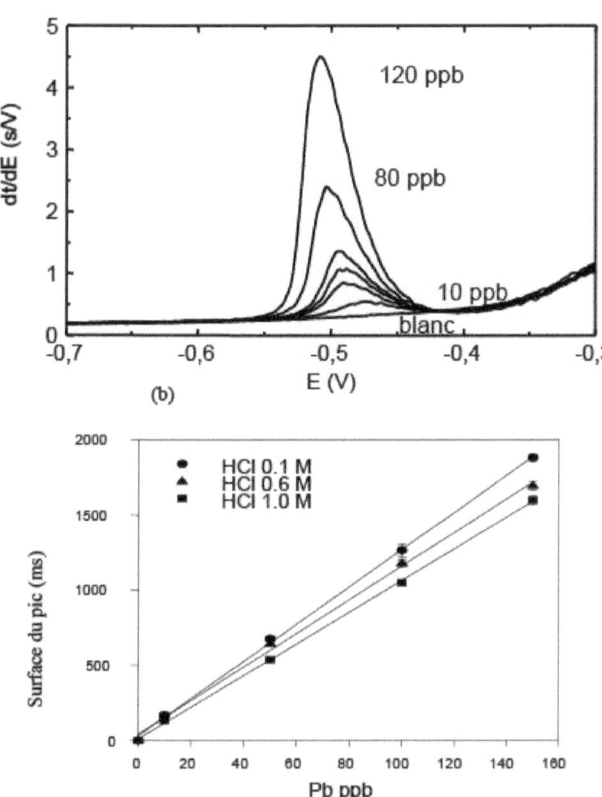

[2+]**Figura.9**: (a) Potenciogramas do elétrodo de membrana metacel-mercúrio em HCl 0,1M para concentrações de Pb de 10, 20, 30, 40, 80 e 120 ppb; (b) Curvas de calibração para o mesmo elétrodo em meio ácido, com concentrações de HCl 0,1 M, 0,6M e 1M.

III-2 Utilização de eléctrodos serigrafados modificados com Methocel-mercúrio para a análise simultânea de chumbo e cádmio

[2+2+]O desempenho analítico deste tipo de elétrodo foi testado na presença de Pb e Cd em solução. Este estudo foi realizado utilizando a voltametria de onda quadrada como técnica electroanalítica.

[2+2+]Neste elétrodo, os dois elementos produzem picos bem resolvidos e bem separados (-0,55V e -0,72V para Pb e Cd). As curvas de calibração para o chumbo e o cádmio foram estabelecidas em HCl 0,1 M. Observou-se uma boa sensibilidade para ambos os elementos, como se mostra na Figura 10.

O limite de deteção, após dois minutos de acumulação sob agitação, é de 0,8 ppb e 1 ppb para o chumbo e o cádmio, respetivamente. O valor do limite de deteção foi calculado como 3 vezes o ruído medido a 10 ppb para o chumbo e o cádmio.

O desvio padrão relativo calculado (D.P.R.%) é de 2%, tendo a experiência sido repetida 10 vezes no mesmo elétrodo com uma solução de chumbo de 10 ppb, e um D.P.R.% de 10% com seis eléctrodos diferentes (n=6).

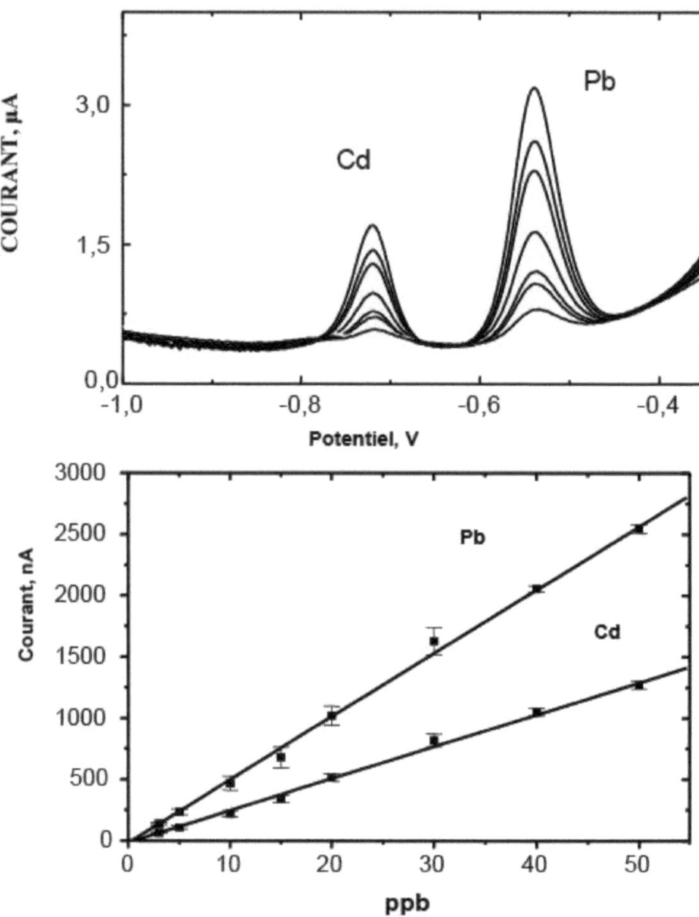

Figura.10: Curvas de calibração para o chumbo e o cádmio no elétrodo de membrana de metacel-mercúrio em HCl 0,1 M, utilizando o método SWASV

III-3 Estabilidade do elétrodo

Em seguida, estudámos a estabilidade dos eléctrodos modificados com a película de Methocel-mercúrio. Os eléctrodos modificados foram armazenados a 4°C no escuro. A acumulação e as medições foram então efectuadas nas mesmas condições que as anteriores. A curva de calibração do chumbo obtida com um elétrodo armazenado durante três meses foi comparada com a obtida com um elétrodo acabado de preparar. A figura 11 mostra que o elétrodo se mantém estável durante todo este período.

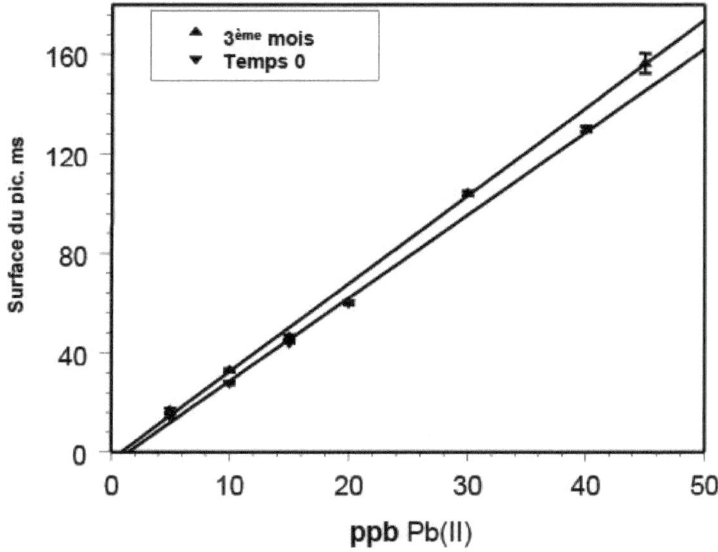

Figura 11: Estabilidade das membranas Methocel®-mercwe: curvas de calibração do chumbo obtidas com o mesmo elétrodo antes e após 3 meses. PSA: + 1 цA. Depósito de 120 s a -1 V.

III-4 Análise de amostras reais

Foram testados eléctrodos de carbono modificados com membrana de metacel-mercúrio para a análise de chumbo e cádmio em três plantas medicinais diferentes.

III-4-1 Preparação das amostras antes da análise

Antes de analisar as amostras, a mineralização por ataque nítrico perclórico foi optimizada após várias experiências [36]. A mineralização foi efectuada num tubo fechado. A 0,1 g de amostra foram adicionados 3,2 ml de ácido nítrico e 0,8 ml de ácido perclórico; o conjunto foi aquecido a 200°C até à obtenção de um resíduo branco. Foram adicionados 5 ml do eletrólito de suporte (HCl 0,1M) antes de iniciar a análise.

Para evitar qualquer efeito de matriz, a análise foi efectuada utilizando o método de adição de dose.

III-4-2 Análise das amostras

A análise do chumbo e do cádmio nas 4 amostras foi efectuada pelo método da adição de dose. A figura 12 mostra o resultado obtido na amostra 1 após diluição. [2+2+]Cada adição de padrão consistiu em 5ai de uma solução a 8mg/l de Cd e Pb . A concentração final na solução a analisar foi de 8ppb. A concentração de chumbo e de cádmio nas amostras originais foi quantificada utilizando a curva de adição de padrão.

[2+2+]A partir desta curva de adição padrão, podemos deduzir as concentrações dos dois elementos na amostra analisada: [Cd]=4ppb e [Pb]=8ppb.

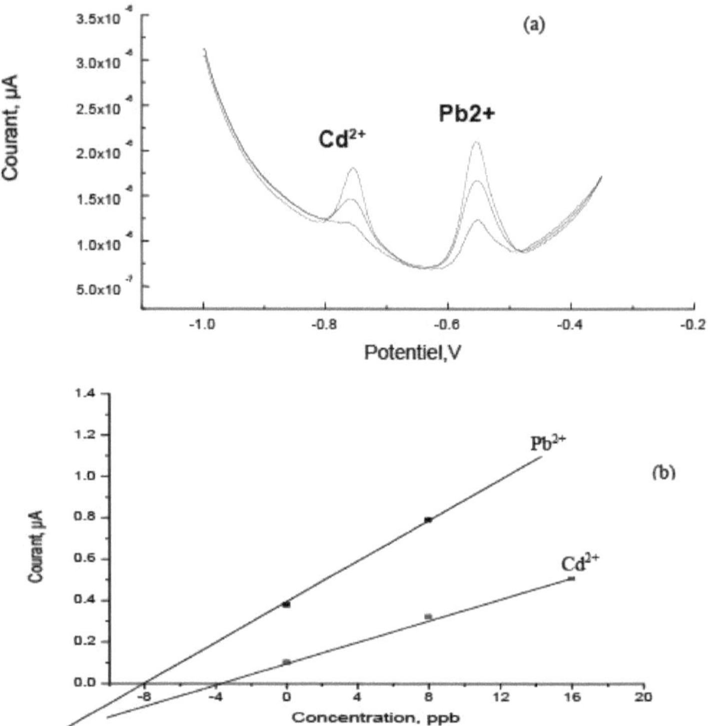

Figura 12: (a) Voltamogramas das adições das doses de chumbo e cádmio a uma das amostras a analisar.

amostras a analisar (b) as curvas de calibração correspondentes.

Do mesmo modo, analisámos as outras três amostras. Os valores médios obtidos após 3 medições de cada amostra são apresentados no quadro 1 abaixo.

Quadro 1: Resultados da análise das 4 amostras

Número da amostra	$[Cd^{2+}]$ / ppb	$[Pb^{2+}]$ / ppb
1	4 ± 1	7 ± 1
2	-	9 ± 3
3	13 ± 1	123 ± 21
4	33 ± 1	299 ± 33

III-5 Estudo comparativo

Para avaliar o desempenho do método, os valores de cádmio e de chumbo obtidos após a análise das várias amostras foram comparados com os obtidos utilizando eléctrodos impressos no ecrã com película fina de mercúrio modificada (MTFE).

Os eléctrodos modificados foram preparados como descrito acima. As amostras foram tratadas da mesma forma, ou seja, mineralização por ataque com ácido nítrico-perclórico. Os resultados obtidos após a análise das quatro amostras são apresentados e comparados com os obtidos por análise com os eléctrodos serigrafados modificados com película de metacel-mercúrio (MME), no quadro 2.

A comparação dos valores obtidos pelos dois métodos mostra que existe uma correlação muito boa.

Tabela 2: Resultados obtidos utilizando um elétrodo de película fina de mercúrio
e um elétrodo modificado por uma película de metacel-mercúrio

Ech. N°	MTFE		MME	
	^{Cd} (PPb)	^{Pb}(PP$^{b)}$	$^{Cd(}$PP$^{b)}$	$^{Pb(}$pp$^{b)}$
1	4 ± 1	8 ± 1	4 ± 1	7 ± 1
2	-	11 ± 3	-	9 ± 3
3	16 ± 2	113 ± 3	13 ± 1	123 ± 21
4	30 ± 1	271 ± 39	33 ± 1	299 ± 33

IV- CONCLUSÃO

Neste trabalho, mostrámos que o Methocel, um derivado da celulose, pode ser uma alternativa interessante para o desenvolvimento de eléctrodos modificados por película fina de mercúrio para a deteção de metais pesados. Os eléctrodos modificados com mercúrio protegidos por Methocel, em comparação com outras membranas estudadas neste trabalho, são mais adequados para utilização em ambientes muito ácidos.

A utilização de uma tal modificação em vez de uma película fina de mercúrio convencional cumpre os requisitos internacionais e evita a necessidade de utilizar a solução de mercúrio durante a análise no terreno. De facto, estas membranas são pré-depositadas na superfície do elétrodo em laboratório e estão prontas para qualquer aplicação descentralizada. Além disso, este procedimento requer uma quantidade de mercúrio muito menor do que a utilizada para formar a película fina de mercúrio. Alguns microlitros de solução são suficientes para cobrir a superfície ativa do elétrodo modificado com uma película de metacel-mercúrio, em vez de alguns mililitros no caso da película fina convencional.

REFERÊNCIAS

[1] J-Y. Choi , K. Seo , S-R. Chob, J-R. Oh,S-H. Kahng, J. Park . Anal. Chimi. Ata 443 (2001) 241.

[2] S. Cosnier, C. Gondran, R.Wessel, F-P. Montforts, M. Wedel, J. Electroanal Chem 488 (2000) 83.

[3] A. Avramescu , T. Noguer , V. Magearu , J-L. Marty, Anal. Chim. Ata 433 (2001) 81.

[4] J-M. Zen, C-C. Yang, A. Senthil Kumar. Anal. Chim. Ata 464 (2002) 229.

[5] L. Authier, C. Grossiord, P. Brossier, B. Limoges .Anal. Chem,73(2001)4450.

[6] O. Bagel, B. Limoges, B.S. llhorn, C. Degrand. Anal. Chem. 69 (1997) 4688.

[7] M. Albareda-Sirvent, A. Merkoci, S. Alegret, Sensors and Actuators B 69 (2000) 153.

[8] J. WANG, B. TIAN, E. SAHLIN. Anal Chem 71 (1999)3901.

[9] O. BAGEL, E. L'HOSTIS, G. LAGGER, MD. OSBORNE, BJ. SEDDON, HH. GIRAULT, J. Electroanal. Chem. 469 (1999) 189.

[10] R. McGLENNEN, Clin Chem 47 (2001) 393.

[11] JP. HART, SA. WRING. Trends Anal Chem 16 (1997) 89.

[12] M. ALBAREDA-SIRVENT, A. MERKcI, S. ALEGRET. Sens Actuators B 69 (2000) 153.

[13] J. Wang, *Analyst*, 119 (1994) 763.

[14] J. Wang e B.Tian, *Anal. Chem.* 64 (1992) 1706.

[15] J.Wang, B.Tian, *Anal. Chem.* 65 (1993) 1529.

[16] J.Wang, B.Tian, *Anal. Chim. Ata*, 274 (1993) 1.

[17] J.Wang, J.Lu, B.Tian, C.Yarnitzsky, J. Electroanal. Chem. 361 (1993) 77.

[18] J.P.Hart, S.A.Wring, Electroanalysis, 6 (1994) 617.

[19] K.Z. Brainina, Anal. Chim. Ata, 305 (1995) 146.

[20] Kh.Z. Brainina, H. Shaffer, A.V. Ivanona, N.A. Malakhova, Anal. Chim. Ata, 330 (1996) 175.

[21] D. Desmond, B. Lane, J. Alderman, M. Hill, D.W.M. Arrigan, J.D. Glennon, Sens. Actuators B, 48 (1998) 409.

[22] I. Palchetti, A. Cagnini, M. Mascini, A.P.F. Turner, Mikrochim. Ata 131 (1999) 65.

[23] J. Wang, Z. Taha, Electroanalysis, 2 (1990) 383.

[24] B. Hoyer, M.T. Florence, G.E. Batley, Anal Chem, 59, 13 (1987) 1608.

[25] B. Hoyer, T.M. Florence, Anal. Chem. 59, 24 (1987) 2839.

[26] C.M.A. Brett, D.A. Fungano, Talanta, 50 (2000) 1223.

[27] Kh.Z. Brainina, A.V. Ivanova, N.A. Malakhova, Anal. Chim. Ata, 349 (1997) 85.

[28] N.F. Zakharchuk, S.Yu. Saraeva, N.S. Borisova, Kh.Z. Brainina, Electroanalysis, 11, 9 (1999) 614.

[29] C. Faller, G. Henze, N. Stojko, S. Saraeva, K.Z. Brainina, Fresenius J. Anal. Chem. 358 (1997) 670.

[30] R.R. Dalagin, H. Gunasingham, Anal. Chim. Ata, 291 (1994) 81.

[31] C. Macca, M. Bradshaw, A. Merkoci, G. Scollary, Anal. Letters, 30 (1997) 1223.

[32] M.Wojciechowski, J. Balcerzak, Analytical Chemistry, 62 (1990) 1325.

[33] M.Wojciechowski, W.Go, J.Osterjoung, Analytical Chemistry, 57 (1985) 155.

[34] P.T. Kissinger, W.R.Heinemann, Laboratory techniques in electroanalytical chemistry, ed P.T.Kissinger Heinemann, W.R. Nova Iorque: Marcel Dekker, Inc, (1984).

[35] A. Cagnini, I. Palchetti, M. Mascini, A.P.F. Turner, Mikrochim. Ata, 121 (1995) 155.

[36] ANÁLISE POLAROGRÁFICA E VOLTAMÉTRICA MODERNA. UM MANUAL. Instrumentos AMEL. Versão 3.00. julho de 1994.

CONCLUSÃO GERAL

O trabalho prësentës neste тётоие levou ao desenvolvimento de métodos analíticos inovadores, baseados em particular no desenvolvimento de eléctrodos modificados sensíveis para a análise de metais pesados a ГёШ traço.

No decorrer deste trabalho, foi possível desenvolver no capítulo 3 um método ampёromёtrico para a determinação de vestígios de mercúrio através de um teste rápido, simples de implementar e pouco dispendioso. Esta determinação baseia-se na influência dos iões de mercúrio (II) na corrente de oxidação da tirosina. A diminuição da corrente de oxidação do ácido amiK' é devida à formação de um complexo entre a tirosina e os iões de mercúrio na superfície de um ёlectrodo de platina.

Um estudo ёlectroquímico da formação do complexo a ёlё eficaz após otimização dos vários paramёtres. Os dados obtidos permitiram a dёdução da strechiomёtrie e o cálculo da constante de formação do complexo. O ácido L-tirosina ami^ apresentou uma sёlectividade significativa em relação aos iões mercúrio em comparação com a cistёina.

A modificação de ёlectrodos de pasta de carbono com um polymёre constituiu a segunda parte deste trabalho. Modificamos em massa a pasta de carbono com o monomёre 1,8-DAN, que posteriormente polymёrisё dentro da pasta em vários meios ácidos.

O polímero condutor obtido na pasta de carbono foi comparado com o mesmo polímero sintetizado na superfície de eléctrodos sólidos e na superfície de eléctrodos de pasta de carbono. A ёlectropolymёrisation é realizada numa solução ácida contendo o monomёre. Uma mudança radical foi observada entre as duas polymёrisações, a polymёre obtida na superfície do eletrodo de carbono ou platina é um filme não condutor, enquanto é um filme condutor dentro da pasta de carbono. Após a caraterização do polímero sintético no interior da pasta de carbono em meio ácido, investigámos a possibilidade de o utilizar como sensor eletroquímico capaz de pré-concentrar iões Pb (II) em circuito aberto, utilizando a técnica DPASV. Após a otimização dos vários parâmetros, demonstrámos que este novo método de modificação permite uma análise de elevado desempenho dos iões de chumbo.

O desenvolvimento de sensores sensíveis impressos em serigrafia foi o tema da terceira parte deste trabalho. Estes eléctrodos, obtidos através da impressão de uma tinta à base de carbono e prata sobre um suporte polimérico flexível, são ferramentas atractivas, uma vez que podem ser facilmente produzidos em massa e apresentam uma vasta gama de geometrias, com um preço modesto.

Modificámos estes eléctrodos com um sal de acetato de mercúrio que protegemos com um polímero. Esta modificação, utilizada como uma boa alternativa à película fina de mercúrio, visa essencialmente o desenvolvimento de novos sensores electroquímicos menos nocivos e que não apresentem problemas ambientais.

Estes sensores, prontos a serem utilizados no terreno, permitem a análise simultânea do chumbo e do cádmio e de todos os outros metais que formam amálgama com o mercúrio. A análise do desempenho dos diferentes polímeros estudados demonstrou que a membrana Methocel - sal de mercúrio teve o melhor desempenho, especialmente para utilização em ambientes muito ácidos.

Os eléctrodos de serigrafia modificados com uma membrana Methocel - sal de mercúrio permitiram um limite de deteção da ordem de ppb e foram testados com êxito para a análise de várias amostras reais.

Finalmente, e com base nos resultados que obtivemos ao longo deste trabalho, podemos prever três possíveis áreas de investigação para este trabalho:

■ Gënëralização do processo de polimerização com os diferentes diaminonaplitalenos que podem ser polimerizados no interior do elétrodo de pasta de carbono. A sua afinidade com os metais continua a ser estudada.

■ A incorporação de 1,8 DAN na tinta de grafite durante a preparação de um elétrodo frisado poderia ser estudada para melhorar o desempenho da técnica.

■ A conceção de dispositivos portáteis acoplados a eléctrodos impressos em serigrafia que possam ser utilizados no terreno. Especialmente com a recente comercialização de instrumentação cada vez mais sofisticada e de equipamento analítico moderno e miniaturizado.

Printed by Books on Demand GmbH, Norderstedt / Germany